专家指导与关怀

原农业部副部长屈冬玉到乌兰察布市
农牧业科学研究院指导工作

原农业部副部长屈冬玉对乌兰察布市
农牧业科学研究院鼓励支持

首席科学家金黎平在乌兰察布市
马铃薯首席专家工作站建站视察

首席科学家金黎平在乌兰察布市马铃薯
首席专家工作站视察工作

首席科学家金黎平指导年轻团队

首席科学家金黎平视察指导
马铃薯新品种选育工作

宋伯符专家在乌兰察布市农牧业科学研究院基地指导工作

国家马铃薯产业技术体系专家指导工作

马铃薯植保专家胡俊（右二）田间指导

国家马铃薯产业技术体系岗位专家严荷荣（右三）布置机械试验

国家马铃薯产业技术体系岗位专家何萍（右三）田间指导

马铃薯育种专家于卓（左四）指导工作

国际马铃薯专家宋伯符先生（右二）在乌兰察布盟农业科学研究所工作期间

国际马铃薯专家考察乌兰察布盟农业科学研究所马铃薯繁育基地

国际马铃薯专家张鸿奎先生在乌兰察布盟农业科学研究所工作期间

国际马铃薯专家考察乌兰察布盟农业科学研究所马铃薯种薯储窖

2016年马铃薯科研团队

2017年马铃薯科研团队

2018年马铃薯科研团队

2019年马铃薯科研团队

2020年马铃薯科研团队

2021年马铃薯科研团队

马铃薯育种、栽培科技特派员服务团队

马铃薯团队赴云贵考察培训

马铃薯科研团队赴湖北恩施考察学习

马铃薯科研团队赴贵州考察学习

马铃薯科研团队赴宁夏固原考察学习

马铃薯科研团队到定西考察交流

马铃薯科研团队赴福建学习

马铃薯科研团队赴福建省农业科学院学习

承担的重大科研项目

试验田种植

马铃薯首席专家工作站育种田

国家马铃薯产业技术体系乌兰察布综合试验站田间作业

马铃薯抗性品种鉴定病圃种植

国家产业技术体系乌兰察布综合试验站品种鉴赏会现场

2018年国家马铃薯产业技术体系乌兰察布综合试验站年终总结大会

2020年国家马铃薯产业技术体系乌兰察布
综合试验站示范基地

2020年农牧业重大协同项目示范旗（县）
中期考核

国家马铃薯产业技术体系乌兰察布综合试验站
“十四五”调研

2021年国家马铃薯产业技术体系乌兰察布
综合试验站示范旗（县）

2021年农牧业重大技术协同推广项目
生长期调研

马铃薯绿色高效集成技术推广应用培训会

科技成果转化项目马铃薯仓储保鲜
技术推广与应用

内蒙古马铃薯种业创新项目

中央引导地方项目“马铃薯优质安全与绿色生
产技术集成推广”

马铃薯产业栽培、育种科技特派员
在示范旗（县）服务指导工作

国家马铃薯产业技术体系乌兰察布综合
试验站启动暨产业发展座谈会

马铃薯黑痣病综合防治技术田间验收

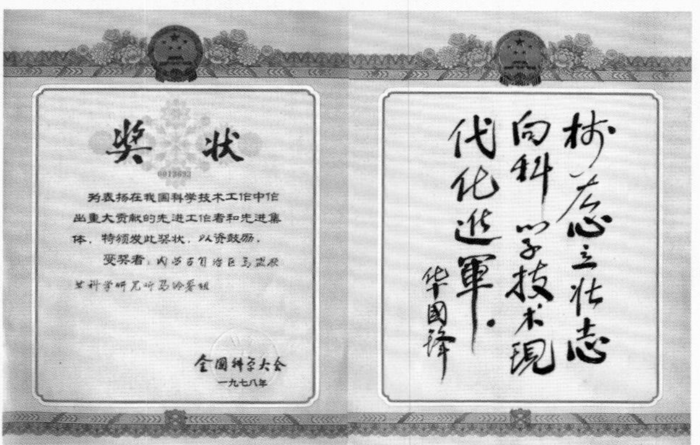

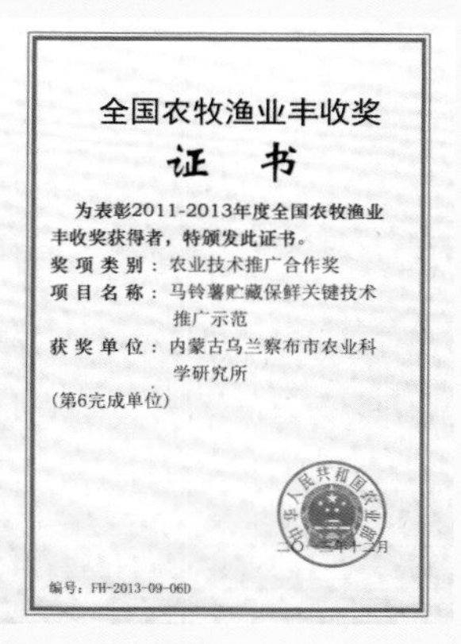
全国农牧渔业丰收奖

证书

为表彰2011-2013年度全国农牧渔业丰收奖获得者，特颁发此证书。

奖项类别：农业技术推广合作奖

项目名称：马铃薯贮藏保鲜关键技术推广示范

获奖单位：内蒙古乌兰察布市农业科学研究所

（第6完成单位）

编号：FH-2013-09-06D

奖状

为表彰在科学技术进步工作中做出的重要贡献，特颁发此奖状。

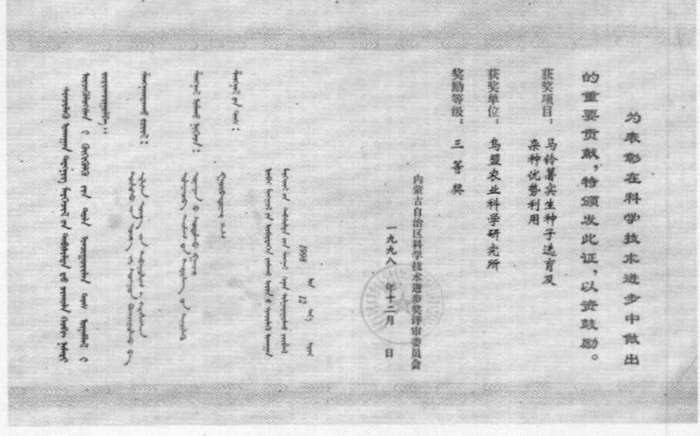

为表彰在科学技术进步中做出的重要贡献，特颁发此证，以资鼓励。

获奖项目：马铃薯实生种子选育及杂种优势利用

获奖单位：乌盟农业科学研究所

奖励等级：三等奖

内蒙古自治区科学技术进步奖评审委员会

一九九八年十二月 日

科学技术进步奖

证书

内蒙乌兰查布盟农科所

马铃薯无病毒种薯生产及良种繁育体系 获中国科学院科学技术进步奖一 等奖。为表彰你单位做出的主要贡献，特颁发此证书。

中国科学院

日

科学技术成果登记证书

登记号 NK-20150340

经审查“高寒地区马铃薯仓储环境控制技术研发与应用”登记为内蒙古自治区科学技术成果，特发此证。

完成单位：乌兰察布市农业科学研究所

发证机关：内蒙古自治区科学技术厅

发证日期：2015 年 10 月 30 日

奖状

乌兰察布市农业科学研究所

“马铃薯仓储保鲜技术研究与推广”项目获 2015 年度内蒙古自治区农牧业丰收奖 壹 等奖，你单位为第 01 完成单位。

特发此证

内蒙古自治区农牧业丰收奖评审奖励委员会

2015 年 11 月 28 日

编号：2015-1-02-01

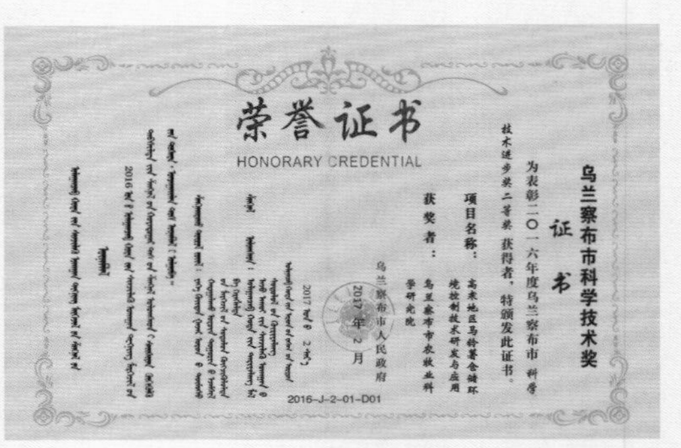

荣誉证书

HONORARY CREDENTIAL

乌兰察布市科学技术奖

证书

为表彰二〇一六年度乌兰察布市科学技术进步奖二等奖获得者，特颁发此证书。

项目名称：高寒地区马铃薯仓储环境控制技术研发与应用

获奖者：乌兰察布市农牧业科学研究院

乌兰察布市人民政府

2017 年 2 月

2016-J-2-01-D01

奖状

乌兰察布市农牧业科学研究院

“乌兰察布市马铃薯全程机械化生产技术研究与示范推广”项目获 2017 年度内蒙古自治区农牧业丰收奖 叁 等奖。你单位为第 01 完成单位。

特发此证。

内蒙古自治区农牧业丰收奖评审奖励委员会

2017 年 12 月 28 日

编号：2017-3-01-246

奖状

乌兰察布市农牧业科学研究院

“马铃薯优质安全综合生产技术集成与示范”项目获 2020 年度内蒙古自治区农牧业丰收奖二等奖，你单位为第 1 完成单位。

特发此证。

内蒙古自治区农牧业丰收奖评审奖励委员会

2020 年 12 月 17 日

编号：2020-1-1-200

农业部内蒙古马铃薯科学观测试验站（集宁）
（乌兰察布市农业科学研究所）
Ministry of Agriculture (Jining), Inner Mongolia
potatoes scientific observation Experiment Station
中华人民共和国农业部
二〇一六年

乌兰察布市
国家级农作物品种审定区域试验站
Wuanchabu National Crop Variety
certilication area test station

CARS
China Agriculture Research System
国家马铃薯产业技术体系
乌兰察布综合试验站
中华人民共和国农业部
2017—2020年

乌兰察布市
马铃薯首席专家工作站
Wulanchabu potato chief expert workstation
二〇一七年三月

乌兰察布市
马铃薯协同创新中心
Wulanchabu potato collaborative innovation center
二〇一七年十一月

内蒙古自治区马铃薯
种业技术创新中心

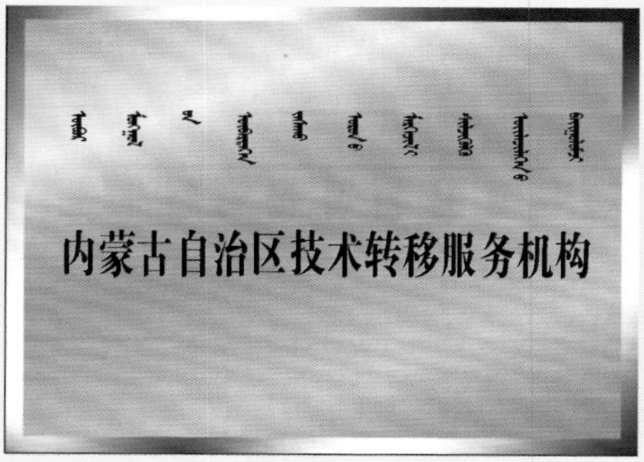

内蒙古自治区技术转移服务机构

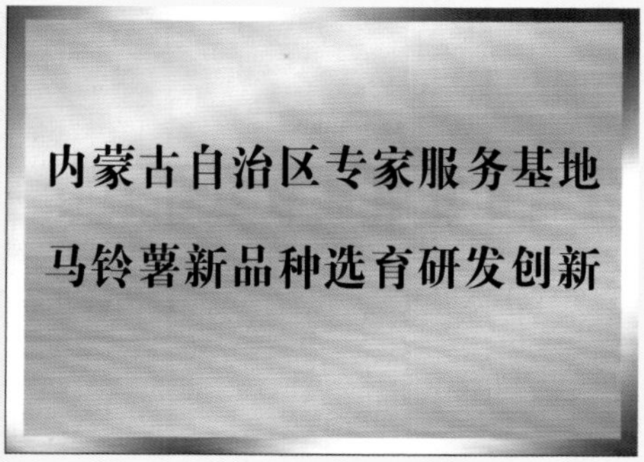

内蒙古自治区专家服务基地
马铃薯新品种选育研发创新

专利证书

实用新型专利证书

证书号第8329126号

实用新型名称：滴灌带提升机构及中耕培土机

专利号：ZL 2017 2 0741922.7

专利申请日：2017年06月24日

专利权人：乌兰察布市农牧业科学研究院

地址：012000 内蒙古自治区乌兰察布市集宁新区察哈尔西街27号

授权公告日：2019年01月08日

实用新型专利证书

实用新型名称：分体器、防压梗机构及防压梗拖拉机

专利号：ZL 2017 2 1085312.2

专利申请日：2017年08月28日

专利权人：乌兰察布市农牧业科学研究院

授权公告日：2018年04月06日

实用新型专利证书

证书号第7305273号

实用新型名称：滴灌主管支管回收装置

专利号：ZL 2017 2 1345147.X

专利申请日：2017年10月19日

专利权人：乌兰察布市农牧业科学研究院

地址：012000 内蒙古自治区乌兰察布市集宁新区察哈尔西街27号乌兰察布市农牧业科学研究院

授权公告日：2018年05月04日

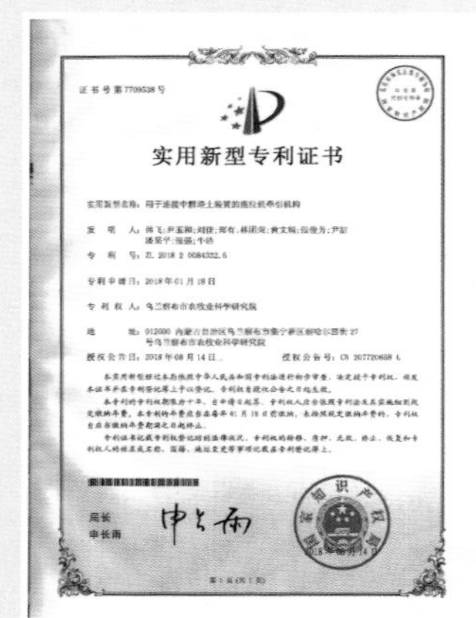

实用新型专利证书

证书号第7709538号

实用新型名称：用于连续中耕培土装置的拖拉机牵引机构

专利号：ZL 2018 2 0084332.5

专利申请日：2018年01月18日

专利权人：乌兰察布市农牧业科学研究院

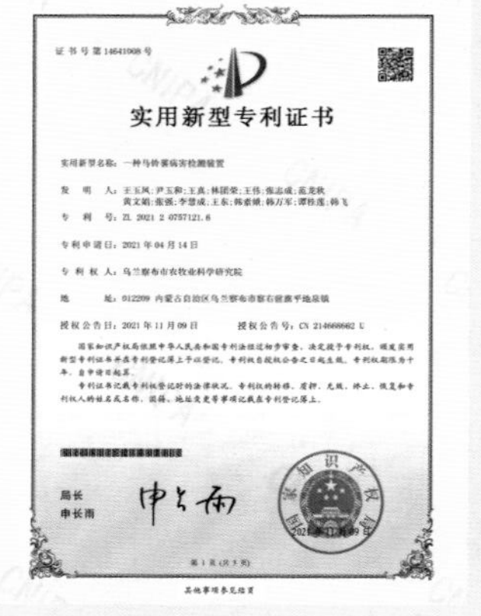

实用新型专利证书

证书号第14641008号

实用新型名称：一种马铃薯病害检测装置

专利号：ZL 2021 2 0757121.6

专利申请日：2021年04月14日

专利权人：乌兰察布市农牧业科学研究院

地址：012209 内蒙古自治区乌兰察布市察右前旗平地泉镇

授权公告日：2021年11月09日

实用新型专利证书

证书号第8254348号

实用新型名称：马铃薯播种机的滴灌带铺设机构

专利号：ZL 2018 2 0820785.0

专利申请日：2018年05月30日

专利权人：乌兰察布市农牧业科学研究院

授权公告日：2018年12月21日

实用新型专利证书

证书号第9698532号

实用新型名称：一种马铃薯储藏用节能保鲜贮藏库

专利号：ZL 2019 2 0539950.X

专利申请日：2019年04月19日

专利权人：乌兰察布市农牧业科学研究院

授权公告日：2019年12月03日

实用新型专利证书

证书号第10904531号

实用新型名称：一种用于马铃薯杂交防倒伏支撑架

专利号：ZL 2019 2 1506793.9

专利申请日：2019年09月11日

专利权人：乌兰察布市农牧业科学研究院

授权公告日：2020年07月03日

实用新型专利证书

证书号第12569[illegible]号

实用新型名称：一种用于微型薯繁育的划行器

专利号：ZL 2020 2 1357198.6

专利申请日：2020年07月13日

专利权人：乌兰察布市农牧业科学研究院

授权公告日：2021年02月23日

乌兰察布马铃薯

尹玉和◎主编

中国农业科学技术出版社

图书在版编目（CIP）数据

乌兰察布马铃薯 / 尹玉和主编. --北京：中国农业科学技术出版社，2021. 7

ISBN 978-7-5116-5387-1

Ⅰ. ①乌… Ⅱ. ①尹… Ⅲ. ①马铃薯—栽培技术 Ⅳ. ①S532

中国版本图书馆 CIP 数据核字（2021）第 122213 号

责任编辑 李 华 崔改泵
责任校对 贾海霞
责任印制 姜义伟 王思文

出 版 者 中国农业科学技术出版社
北京市中关村南大街12号 邮编：100081
电 话 （010）82109708（编辑室）（010）82109702（发行部）
（010）82109709（读者服务部）
传 真 （010）82106650
网 址 http: // www.castp.cn
经 销 者 各地新华书店
印 刷 者 北京地大彩印有限公司
开 本 170 mm × 240 mm 1/16
印 张 14.25 彩插16面
字 数 274千字
版 次 2021年7月第1版 2021年7月第1次印刷
定 价 98.00元

《乌兰察布马铃薯》

编委会

序言

Foreword

马铃薯是乌兰察布市种植面积最大的农作物，种植历史悠久，其生长发育规律与当地的自然气候特点非常吻合，具有明显的资源优势，蕴藏着巨大的发展潜力。经过几十年的培育发展，乌兰察布已经成为国家重要的种薯、商品薯和加工专用薯生产基地。2009年3月中国食品工业协会授予乌兰察布市“中国马铃薯之都”称号。2011年乌兰察布在国家工商总局注册了“乌兰察布马铃薯”地理标志证明商标。但乌兰察布市的马铃薯科研工作在经历20世纪70—80年代的辉煌之后，从90年代至2011年基本上处于停滞状态，20年间马铃薯科研工作不但没有进步，反而将原有的科研优势消耗殆尽，导致马铃薯科研水平远远滞后于相邻的张家口、大同等地。2011年之后乌兰察布市农牧业科学研究院新一届领导班子及时调整科研工作方向，强化战略引领，发扬“求真、务实、无畏、创新”的科学精神，在科技、人才发展战略的支持下，以“农业增效、农民增收”为目标，通过创新科研思路，健全培育机制，搭建人才平台，强化技术引领等措施，扭转了马铃薯科研困境，在马铃薯产学研方面取得了卓越的成效。

2011年5月乌兰察布市农牧业科学研究院成功申报农业部内蒙古马铃薯科学观测实验站，此实验站在全国薯类作物中仅7家，全面负责华北区域马铃薯产业的品种结构、种植模式、栽培技术以及气象资料的收集、整理及抗旱栽培机理的研究工作。2017年3月在市政府与市委组织部的支持与引领下，乌兰察布市农牧业科学研究院积极筹建乌兰察布市马铃薯首席专家工作站，引进国家马铃薯产业技术体系首席科学家金黎平研究员及其团队成员开展马铃薯合作育种、土传病害综合防控、高产栽培技术集成、仓储加工研究等科研工作。乌兰察布市马铃薯首席专家工作站的成立不仅获得相应的科研育种经费支持，最大限度地实现马铃薯育种材料的资源共享，及时全面了解马铃薯科研育种的最新前沿动态，而且有效提升乌兰察布市马铃薯科研育种工作在全国的知名度和影响力。2017年8月乌兰察布市农牧业科学研究院成功加入国家马铃薯产业技术体系并成立了乌兰察布综合试验站。2017年11月乌兰察布市农牧业科学研究院与企业、高校合作成立了乌兰察布市马铃薯协同创新中心，共同开展产学研科技攻关。2020年在落实“科技兴蒙”行动中，乌兰察布市农牧业科学研究院牵头成立了由14家科研单位、高校及企业组建而成的内蒙古马铃薯种业技术创新中心。所有这些都必将推动乌兰察布市马铃薯科研工作在不久的将来实现新跨越，为全市马铃薯产业发展再上新台阶，也为农牧业科技人才提升搭建新舞台。

为推动乌兰察布市马铃薯产业转型升级，提高科研平台、科研项目辐射带动效果，乌兰察布市农牧业科学研究院组织专技人员编写了《乌兰察布马铃薯》一书，本书主要围绕乌兰察布马铃薯产业发展现状、主栽品种、栽培技术集成与栽培模式、脱毒种薯生产、种薯质量控制、贮藏加工、市场销售等内容，对马铃薯全产业链进行了广泛深入调查研究，在多次研讨分析的基础上编撰完成。本书技术含量高、实用性强、应用范围广，是一本适合高等院校、科研院所、推广部门、马铃薯相关企业、种植大户等学习借鉴的科技读本。

本书在编写过程中收集了乌兰察布市马铃薯产业发展历程、主栽品种引用、栽培技术集成等方面的资料，引进借鉴了同行先进理念和做法，在此对同行和所有提供相关资料的专家、老师、技术人员一并表示感谢。

2021年5月

前言

Foreword

作为“中国薯都”，乌兰察布市马铃薯产业链较为完整。近些年，乌兰察布市马铃薯产业从育种、生产、贮藏到销售，每个环节都在飞速发展，广大马铃薯产业从业者对马铃薯产业相关技术的需求日益增加。本书就乌兰察布市马铃薯全产业链的生产技术及产业现状作以介绍，为了避免与其他同类书籍同质化，本书在内容上作了很大的规划。在编辑上减少了理论知识的占比，书中技术以指导马铃薯产业发展为目的，实践性较强。在行文上，力求文字简练、语言易懂、图文并茂。相信，通过阅读本书，广大马铃薯从业者能够收获到需要的知识，能够真正地帮助其解决一些问题。希望更多的有识之士能够参与交流，分享各自的经验与思想，促进乌兰察布马铃薯产业的快速发展。也希望通过本书的传阅，对乌兰察布马铃薯品牌起到宣传作用。

本书主要内容包括乌兰察布市马铃薯产业现状、马铃薯主栽品种简介、马铃薯栽培（种植）模式、马铃薯栽培（种植）技术、脱毒种薯生产技术、种薯质量控制、病虫草害防控技术、贮藏与加工技术、马铃薯营销浅析。

尹玉和、陈建保对本书全章节进行整体规划，对本书的内容进行编排。林团荣编写第一章、第二章；郑有、李慧成、王玉凤共同编写第三章、第四章；王真编写第五章（第一节、第二节）；王官茂编写第五章（第三节）；刘智慧编写第六章；王玉凤编写第七章（第一节、第三节）；王真编写第七章（第二节）；范龙秋编写第八章（第一节）；张志成编写第八章（第二节）；王伟编写第九章。其他编者对本书的编写提供了大量的数据、图片及内容支持。

由于对组织编写本书缺乏经验，编者水平有限，资料、数据收集整理不够充分，书中多有不足之处，敬请广大马铃薯产业从业者和读者批评指正。

编　者

2021年5月

目录

CONTENTS

第一章　乌兰察布马铃薯产业现状

第一节　产业优势

一、独特的自然条件

乌兰察布气候冷凉，日照充足，属中温带半干旱大陆性季风气候，海拔高度1 000～1 500m，昼夜温差大；年平均气温一般在2.5～6℃，≥10℃的有效积温1 800～2 500℃，无霜期95～135d；年平均风速2～6m/s，空气干燥、洁净；全年日照时数2 850～3 250h，年平均降水量150～450mm，雨量集中在每年7—9月，降水量占全年降水量的70%左右，雨热同季。土壤类型为栗钙土和暗栗钙土，土壤质地沙壤土居多，有机质含量平均2.9%，全氮平均含量0.179%，速效磷含量5.1mg/kg，速效钾含量143mg/kg。

乌兰察布得天独厚的自然环境不仅降低了马铃薯晚疫病、病毒病等病害的发生率，而且有利于马铃薯块茎膨大、干物质积累，非常适宜马铃薯种薯繁育和商品薯生产。同时，乌兰察布马铃薯种植区地势平坦且多数集中连片，适合大规模机械化作业。

二、优越的区位交通

乌兰察布自古以来一直是交通要道，位于山西、河北、内蒙古交界处，地处京津冀经济圈、内蒙古自治区沿黄沿线经济带和呼包鄂经济圈结合部，距北京336km，大同100km，呼和浩特130km，包头280km，二连浩特340km，是连接东北、华北、西北三大经济区的重要节点，是内蒙古自治区北开南联的交汇点、东进西出的"桥头堡"，交通便利。境内有110国道、208国道、G6、

G7、G55、呼满省际大通道、呼兴运煤专线和准兴重载高速；京包、集二、集张、集通、丰准等铁路线纵横交错；京呼高铁已正式开通运行，集大高铁也正式动工开建；通往法兰克福的国际货运列车“如意”号始发集宁，是通往蒙古、俄罗斯和欧盟的重要国际陆路通道；乌兰察布机场，集宁—俄蒙欧货运班列已开通，未来会逐步增开中俄、中蒙、中欧客货航线。乌兰察布机场将建成首都国际机场的备降和客货运协作机场，并升级为国际机场。优越的区位交通为乌兰察布马铃薯提供了快速便捷的运输条件。

三、强劲的科研支撑

乌兰察布马铃薯的研究和种薯生产历史悠久，在长期的生产实践中积累了丰富的经验，在马铃薯遗传育种、品种选育、病虫害防治、马铃薯模式化栽培技术研究方面取得了较大进展，一些研究项目和技术成果在国内曾经处于领先水平。

全国第一个脱毒种薯组培室、第一个马铃薯原原种生产网室、第一个马铃薯原种场均建在乌兰察布；“马铃薯实生薯在生产上的应用研究”成果于1978年获得全国科学大会奖；“马铃薯无病毒种薯生产试验”于1980年获中国科学院科技进步一等奖；“马铃薯病毒血清鉴定”获内蒙古自治区科技进步二等奖，“马铃薯实生种子杂交与利用”获内蒙古自治区科技进步三等奖。原乌兰察布盟农业科学研究所参加了“六五”“七五”“八五”3个五年计划的马铃薯国家科技攻关项目，从1986年至2000年期间主持或参与了国际马铃薯中心的合作研究项目，育成蒙薯10号、蒙薯11号等多个优良品种。

近年来，乌兰察布建成了农业农村部内蒙古马铃薯科学观测实验站、乌兰察布马铃薯首席专家工作站、国家马铃薯产业技术体系乌兰察布综合试验站、乌兰察布市马铃薯协同创新中心，以中国农业科学院蔬菜花卉研究所为技术依托，联合内蒙古自治区14家科研单位和种薯企业成立了内蒙古自治区马铃薯种业技术创新中心。与中国农业科学院、中国农业大学、贵州省农业科学院、内蒙古农牧业科学院、内蒙古农业大学及内蒙古自治区农牧厅所属相关业务部门进行紧密合作，汇集区内外科研资源和人才，重点开展新品种选育、高产栽培、病虫害防治、质量检测、贮藏、加工等方面的研究，马铃薯产业科技创新体系逐步完善。

第二节　生产规模

一、基地建设情况

乌兰察布马铃薯种植基地分布在11个旗（县、市、区），其中四子王旗、察右后旗、察右中旗、兴和县、商都县、化德县为种薯、加工专用薯主要生产基地，特别是东起兴和县大库联乡、西至四子王旗东八号乡长达250km的马铃薯产业带，是内蒙古自治区的种薯基地集中带，丰镇市、卓资县、凉城县、察右前旗、集宁区等地为主要商品薯生产基地。乌兰察布始终把种薯的繁育作为首要的基础工程来抓，目前马铃薯良种繁育已形成从茎尖脱毒、组培快繁、原原种、原种到大田用种的完整繁育体系。全市现建有马铃薯脱毒组培室25 000m^2，网室5 000多亩（1亩≈667m^2，全书同），原种田5万亩，合格种薯田50万亩，达到年生产脱毒苗1.2亿株、脱毒微型薯4.5亿粒、原种10万吨和合格种薯100多万吨的生产能力。

二、基地配套设施

乌兰察布马铃薯种植基地地势平坦、交通便利、田间作业便捷，电网系统及通信网络达到了全覆盖。全市现有的马铃薯种植基地集中在水资源较好的地区，全部采用喷灌或滴灌种植模式，基地农田水利基础设施完善，乌兰察布种薯基地现有喷灌机350多台（套），基地机械化作业程度高，种薯生产、管理、加工、储藏等各类设施设备较齐全，播种机、中耕机、打药机、整地机、拖拉机、旋耕犁、杀秧机、收获机一应俱全。据统计现有马铃薯大型播种机200台（套）、中小型播种机1 900台（套），大中型收获机1 400台（套），另外还配备了GPS定位精细播种仪，达到了精准播种，种薯基地从整地、播种、中耕、打药、施肥等环节，实现了种薯生产机械化、规模化、标准化和现代化。种薯加工贮藏设备先进，设施齐全，大大提高了工作效率。全市企业种薯仓储库68座，其中，“智能拱形仓储库”先进的仓储技术，可使马铃薯贮藏损耗由普通仓储库的20%～30%降至6%以下，并且有较好的保鲜功能，保鲜贮藏期可达9个月以上，实现了马铃薯贮藏的最佳效果。乌兰察布率先在水资源条件较好的地区开创了装备大型喷灌机的高水平种植模式，并探索总结出一套成功的滴灌高效节水种植模式，实现了马铃薯种植由过去传统耕作向现代化种植的转变，使马铃薯种植实现了质的跨越。

第三节 政府支持

乌兰察布市委、市政府将马铃薯列为重要的农业发展产业，坚持现代农业的发展方向，把大力发展设施马铃薯作为打造“薯都”的突破口。2006—2009年，政府对新增喷灌圈和配套的大型农机具实行补贴，喷灌圈每台一次性补贴购置费1/2，大型农机具一次性补贴购置费1/3。从2010年开始，乌兰察布对新增的膜下滴灌给予优惠政策，市、县两级政府每亩各补贴200元、农机每亩补贴234元。2013年，各级政府高度重视马铃薯良种繁育建设，加大对良种繁育的政策扶持，同时为马铃薯种薯生产提供了良好的政策环境。2012—2016年，实施农产品产地初加工补助项目，主要是针对全市新建马铃薯储窖、果蔬保鲜库予以补贴，补助标准为每建一座60t马铃薯储窖，补贴2万元，共投入资金额度为2012年2 200万元，2013年1 400万元，2014年1 000万元，2015年1 400万元，2016年1 400万元。依托国家农产品产地初加工项目，通过企业大户和合作社牵头及农户自建等方式，全市马铃薯仓储能力大大加强。2013年乌兰察布市人民政府制定《乌兰察布市关于加快推进马铃薯种薯产业发展的实施意见》；2016年《乌兰察布市国民经济和社会发展十三个五年规划纲要》将马铃薯种薯基地建设列入“十三五”发展规划予以支持和发展；2016年市发改委下达《关于乌兰察布市马铃薯种薯质量检验监测中心建设项目可行性研究报告的批复》，项目总投资1 400万元，2018年10月项目建设完成；2018年乌兰察布市人民政府制定《乌兰察布市2018年马铃薯脱毒种薯补贴实施方案》，在全市范围内补贴马铃薯脱毒种薯应用面积30万亩。

2019年2月1—2日，李克强总理在乌兰察布考察时强调，土豆主粮化很有前途，要结合镰刀弯区调减玉米面积，研究支持农民扩大品质好、有优势的土豆种植，发展成为大产业，助力脱贫攻坚。乌兰察布市委、市政府按照李克强总理的指示精神，结合当地实际情况，研究制定了《乌兰察布市2019年马铃薯脱毒种薯补贴实施方案》，2019年全市脱毒种薯补贴面积40万亩，温室、网室补贴4 000元/亩，共补贴662亩；新建组培室补贴800元/m^2，共补贴6.3万m^2；仓储库每建万吨补贴400万元。

第二章　乌兰察布马铃薯主栽品种简介

乌兰察布马铃薯新品种引进繁育推广应用步伐逐年加快，优良品种的覆盖率达到95%，栽培的品种主要有克新1号、夏波蒂、费乌瑞它、后旗红、希森6号、冀张薯12号、冀张薯8号等。乌兰察布生产的马铃薯块茎大、表皮光滑、皮色好、整齐度高、薯形好、干物质含量高、无污染、退化轻、病虫害少。目前从品种选择上看，老品种克新1号小农户种植较多，规模化种植户主要种植夏波蒂、费乌瑞它、冀张薯12号等品种，种植面积占比达50%以上。希森6号、中加2号、华颂系列、兴佳2号等新品种种植面积增长迅速，特别是乌兰察布自育品种后旗红、中加1号、中加2号等农民认可度高、市场销量好。繁育的种薯除满足本市及自治区其他盟市需求外，还远销广东、广西、福建、河南、安徽、山东、河北、山西、陕西、新疆、辽宁、吉林、黑龙江等地。

第一节　加工品种

一、专用加工品种

1. 夏波蒂

夏波蒂原名Shepody，是由加拿大福瑞克通农业试验站以F58050为母本，以BakeKing为父本，通过有性杂交选育而成，1987年从美国引进我国试种。

该品种属中熟优质专用加工品种，生育期95d，株型开展，株高60～80cm，主茎粗壮，分枝数多，茎绿色，叶浅绿，花冠浅紫色，花期长，天然结实少。生长势强，块茎长椭圆形，薯皮光滑，芽眼浅，白皮白肉，薯块大而整齐，结薯集中，单株主茎数2.4个，平均单株结薯数4.4个，商品

薯率80%～85%，平均产量2 500kg/亩，在良好的栽培管理下，平均亩产可达3 500kg以上。块茎干物质含量19%～23%，淀粉含量13.40%，还原糖含量0.20%，粗蛋白含量1.55%，维生素C含量14.80mg/100g。该品种田间表现易感早疫病、晚疫病、疮痂病及马铃薯X病毒病（PVX）、马铃薯Y病毒病（PVY），对栽培条件要求严格，不抗旱、不抗涝，对涝特别敏感，喜通透性强的沙壤土，喜肥水，适宜大面积机械化生产，农民单家独户种植难度较大。

2. 大西洋

大西洋是由美国育种家以B5141-6（Lenape）为母本，以Wauseon为父本，通过有性杂交选育而成，1978年由农业部和中国农业科学院引入我国试种。

该品种属中晚熟加工专用品种，生育期90d，株型半直立，株高75cm，分枝少，茎基部紫褐色，叶亮绿色，花冠浅紫色，天然结实性强，生长势强，块茎圆形，薯皮麻，芽眼浅，淡黄皮白肉，薯块大小中等而整齐，结薯集中，单株主茎数2.4个，平均单株结薯数3.4个，商品薯率80%，平均产量2 000kg/亩，在良好的栽培管理条件下，平均亩产可达3 000kg以上。块茎干物质含量19.60%，淀粉含量18.00%，还原糖含量0.08%，粗蛋白含量2.10%，维生素C含量29.70mg/100g。该品种田间表现抗马铃薯X病毒病、马铃薯Y病毒病，较抗卷叶病毒病和网状坏死病毒病，易感束顶病、环腐病，不抗晚疫病，生长季节不能缺水、缺肥，在干旱季节薯肉有时会产生褐色斑点。

3. 布尔班克

布尔班克是美国植物育种家布尔班克用罗斯早熟马铃薯植株种子球里面的种子播种，从后代中选出的一个新品种。

该品种属晚熟优质专用炸条品种，生育期110d，株型直立，株高85cm，主茎粗壮，茎叶绿色，花冠白色，天然结实性强，生长势强，块茎椭圆形，薯皮麻，芽眼浅，赤褐色皮白肉，结薯集中。单株主茎数3.4个，平均单株结薯数5.7个，商品薯率85%，平均产量2 500kg/亩，在良好的栽培管理条件下可达3 500kg/亩以上。块茎干物质含量23.80%，淀粉含量18.20%，还原糖含量0.19%，粗蛋白含量2.18%，维生素C含量17.60mg/100g。该品种田间表现不抗旱、不抗涝，不抗晚疫病、早疫病，且较易退化，对水分敏感。在干旱的情况下，易产生畸形薯块或芽眼凸出的次生薯，适宜农场化生产，农民单家独户种植难度较大。

二、加工鲜食兼用型品种

1. 康尼贝克

康尼贝克（Kennebck）又名抗疫白，是美国育种家以B-127为母本，以96-56为父本，通过有性杂交选育而成，1978年由中国农业科学院从丹麦引进。

该品种属中晚熟加工鲜食兼用型品种，生育期115d，株型直立，株高65～70cm，茎粗壮，茎叶深绿色，花冠白色，天然结实性少，生长势强，块茎椭圆形，薯皮光滑，芽眼浅，白皮白肉，结薯集中整齐，商品薯率85%，平均产量2 500kg/亩，良好栽培管理下可达3 500kg/亩以上。块茎干物质含量21.8%，淀粉含量为13.60%，还原糖含量0.33%，蛋白质含量2.74%，维生素C含量17.40mg/100g。该品种田间表现易感马铃薯卷叶病毒病（PLRV）、马铃薯X病毒病，抗马铃薯A病毒病（PVA）、马铃薯Y病毒病，高抗癌肿病、晚疫病，对光敏感，易发生薯面青皮现象，喜水肥，高密植易感立枯病和红眼病，商品薯率极高，是一个理想的超高产盈利性品种，适于鲜食和油炸加工。

2. 阿克瑞亚

阿克瑞亚（Agria）又名黄金薯，是荷兰AGPdCO公司以Quarta为母本，以Semlo为父本通过有性杂交选育而成，1994年中国农业科学院蔬菜花卉研究所从荷兰引入，1998年被北京市农作物品种审定委员会审定为炸条专用品种［（98）京审菜字第12号］。

该品种属中晚熟加工鲜食兼用型品种，生育期100d，株型直立，株高约70cm，茎粗壮、呈淡紫色。叶片大而稍下垂，呈深绿色，花冠白色，花絮大而繁茂，生长势强，块茎长椭圆形，表皮光滑，大而整齐，芽眼少而浅，淡黄皮深黄肉，结薯集中，商品薯率84%，平均产量2 500kg/亩。块茎干物质含量19.37%，淀粉含量14.10%，还原糖含量0.10%，粗蛋白含量1.93%，维生素C含量21.00mg/100g。该品种还原糖含量低，具有耐低温、不变甜的特性，田间表现高抗马铃薯A病毒病、马铃薯X病毒病、马铃薯Y病毒病，轻感晚疫病。

第二节　鲜薯食用型品种

一、极早熟和早熟品种

1. 费乌瑞它

费乌瑞它又名荷兰薯、鲁引1号、荷15、津引8号等，是由荷兰HZPC公司以ZPC50-35为母本，以ZPC55-37为父本，通过有性杂交选育而成，1980年由农业部种子管理局从荷兰引入我国。

该品种属早熟鲜食品种，生育期60d，株型直立，株高65cm，主茎粗壮分枝少，茎紫褐色，叶绿色，花冠蓝紫色，天然结实性强，生长势强，块茎长椭圆形，表皮光滑，芽眼少而浅，黄皮黄肉，块茎大而整齐，结薯集中，块茎休眠期短。单株主茎数2.6个，平均单株结薯数3.5个，商品薯率75%，平均产量2 000kg/亩，良好栽培管理下可达3 000kg/亩。块茎干物质含量17.50%，淀粉含量13.00%，还原糖含量2.93%，粗蛋白含量1.94%，维生素C含量13.60mg/100g。该品种田间表现较抗疮痂病和环腐病，易感晚疫病，不耐旱，不耐寒，不耐瘠薄，适合鲜食，淀粉积累期要少施用或不施用氮肥，以免茎叶贪青徒长。

2. 早大白

早大白（*Solanum tuberosum* L.）是由辽宁省本溪市马铃薯研究所以“五里白”为母本，以74-128为父本，通过有性杂交选育而成。

该品种属极早熟鲜食品种，生育期60d，株型直立，株高47.2cm，主茎粗壮，分枝少，茎绿色，叶浅绿，叶片大，花冠白色，无天然果，生长势强，块茎圆形，薯皮光滑，芽眼浅，白皮白肉，结薯集中，耐贮藏。单株主茎数2.3个，平均单株结薯数3.5个，商品薯率80%，平均产量2 000～2 500kg/亩，高水肥条件下产量3 000～3 500kg/亩。块茎干物质含量21.90%，淀粉含量11%～13%，还原糖含量1.20%，粗蛋白含量2.13%，维生素C含量12.90mg/100g。该品种田间表现耐旱、耐寒、耐盐碱，较抗环腐病和疮痂病，易感晚疫病，适宜在中等肥力以上田块种植。

3. 中薯5号

中薯5号是由中国农业科学院蔬菜花卉研究所于1998年从中薯3号天然结实后代中经系统选育而成，原代号C9305-6。2001年通过北京市农作物品种审定委员会审定，2004年通过国家农作物品种审定委员会审定（国审薯2004002）。

该品种属早熟鲜食品种，生育期60d，株型直立，株高55cm，分枝数少，茎绿色，叶深绿，花冠白色，天然结实性中等，生长势较强。块茎扁圆，薯皮光滑，芽眼极浅，淡黄皮淡黄肉，结薯集中。单株主茎数2.1个，商品薯率85%，平均产量2 000kg/亩，在良好的栽培管理条件下可达3 000kg/亩以上。块茎干物质含量18.50%，淀粉含量12.00%，还原糖含量0.51%，粗蛋白含量1.85%，维生素C含量29.10mg/100g。该品种田间表现较抗晚疫病、马铃薯X病毒病、马铃薯Y病毒病和马铃薯卷叶病毒病，生长后期轻感卷叶病毒病，不抗疮痂病。耐肥水，适合保护地和地势较低的地块种植，不耐旱，不适合在干旱的含盐量高的地块种植。

二、中晚熟品种

1. 抗旱耐瘠型品种

（1）克新1号。克新1号又名紫花白，是由黑龙江省农业科学院克山分院以374-128为母本，以疫不加（Epoka）为父本，通过有性杂交选育而成。1967年经黑龙江省农作物品种审定委员会审定（黑审薯1967001），1984年经全国农作物品种审定委员会审定（国审薯1984001），1987年获国家发明二等奖。

该品种属中晚熟鲜食品种，生育期95d，株型开展，株高65cm，茎粗壮，茎叶绿色，生长势强，花冠淡紫色，雌雄蕊均不育，块茎椭圆，薯皮光滑，芽眼较深，白皮白肉，块茎整齐，结薯浅而集中，单株主茎数3.1个，平均单株结薯数4.5个，商品薯率80%，平均产量2 000kg/亩，高产地块达到3 000kg/亩。块茎干物质含量18.10%，淀粉含量13%～14%，还原糖含量0.52%，粗蛋白含量0.65%，维生素C含量14.40mg/100g。该品种耐贮藏、适应性广，是我国主栽品种之一，田间表现高抗环腐病，抗马铃薯Y病毒病和马铃薯卷叶病毒病，较抗晚疫病，耐旱、耐涝、耐瘠薄。

（2）冀张薯8号。冀张薯8号是张家口农业科学院用国际马铃薯中心提供的以720087为母本，以X4.4为父本通过有性杂交选育而成。2006年通过全国农作物品种审定委员会审定（国审薯2006004）。

该品种属晚熟鲜食品种，生育期110d，株型直立，株高68.7cm，茎叶绿色，花冠白色，花期长，天然结实性中等，生长势强，块茎椭圆形，薯皮光滑，芽眼浅，淡黄皮乳白肉，结薯集中。单株主茎数2.0个，平均单株结薯数4.3个，商品薯率75.3%，平均产量2 100kg/亩，在良好的栽培管理条件下可达3 500kg/亩以上。块茎干物质含量23.20%，淀粉含量16.80%，还原糖含量0.28%，粗蛋白含量2.25%，维生素C含量16.40mg/100g。该品种田间表现耐旱，高抗马铃薯X病毒病和马铃薯Y病毒病，中感晚疫病，综合性状较好。

（3）冀张薯14号。冀张薯14号是由张家口农业科学院以2002年配制的亲本组合3号为母本，以金冠为父本，通过有性杂交选育而成，2014年通过国家农作物品种审定委员会审定（国审薯2014005）。

该品种属中晚熟鲜食品种，生育期97d。株型直立，株高60cm，主茎粗壮，分枝中等，茎叶绿色，花冠白色，块茎椭圆形，淡黄皮淡黄肉，薯皮光滑，芽眼浅。单株主茎数2.1个，平均单株结薯数4.0个，商品薯率69%，平均产量2 019kg/亩，在良好的栽培管理条件下可达3 500kg/亩以上。块茎干物质含量18.68%，淀粉含量13.22%，还原糖含量0.34%，粗蛋白含量2.12%，维生素C含量17.80mg/100g。该品种耐旱、耐瘠薄，田间表现较抗晚疫病、马铃薯X病毒病、马铃薯Y病毒病。

（4）晋薯16号。晋薯16号是由山西省农业科学院高寒区作物研究所以“NL94014”为母本，以9333-11为父本，通过有性杂交选育而成。国家农作物品种审定委员会2007年审定（晋审薯2007001）。

该品种属中晚熟鲜食品种，生育期100d，株型直立，株高106cm。茎叶深绿色，花冠白色，天然结实少，生长势强，块茎长扁圆，薯皮光滑，芽眼中等，黄皮白肉，结薯浅而集中。单株主茎数2.2个，平均单株结薯数4.5个，商品薯率85%，平均产量2 300kg/亩，在良好的栽培管理条件下，可达3 500kg/亩以上。块茎干物质含量22.30%，淀粉含量16.57%，还原糖含量0.45%，粗蛋白含量2.35%，维生素C含量12.60mg/100g，该品种田间表现耐旱耐涝、耐瘠薄，较抗马铃薯Y病毒病、晚疫病，块茎休眠期中等，耐贮藏。

2. 抗病型品种

（1）青薯9号。青薯9号是由青海省农业科学院生物技术研究所通过国际合作项目，于2001年从国家马铃薯中心引进亲本组合（387521.3×APHRODITE）后代材料C92.140-05，从中选出优良单株，经系统选育而成。青海省农作物品种审定委员会2006年审定通过（青审薯2006001）。

该品种属中晚熟鲜食品种，生育期125d，株型直立，株高90～100cm，茎紫色，叶深绿色，花冠浅红色，无天然果，生长势强，块茎椭圆，薯皮略麻，芽眼较浅，红皮黄肉，结薯集中，耐贮性中等，单株主茎数4.8个，平均单株结薯数8.6个，商品薯率75%，平均产量2 250～3 000kg/亩，高水肥条件下产量3 000～4 200kg/亩。块茎干物质含量25.72%，淀粉含量19.76%，还原糖含量0.25%，粗蛋白含量2.16%，维生素C含量23.03mg/100g。该品种田间表现耐旱、耐寒，较耐盐碱，高抗晚疫病、环腐病。

（2）中薯18号。中薯18号是由中国农业科学院蔬菜花卉研究所以C91.628为母本，以C93.154为父本，通过有性杂交选育而成。2011年通过内蒙古农作物品种审定委员会审定（蒙审薯2011004）。2015年通过国家农作物品种审定委员会审定（国审薯2014001）。

该品种属中晚熟鲜食品种，生育期100d，株型直立，株高60cm，主茎粗壮分枝少，茎绿带褐色，叶深绿色，花冠紫色，天然结实少，生长势强，块茎卵圆形，淡黄皮白肉，结薯集中，单株主茎数2.1个，平均单株结薯数5.5个，商品薯率80%以上，平均产量2 500kg/亩，高水肥条件下产量3 500～4 000kg/亩。块茎干物质含量20.50%，淀粉含量12.50%，还原糖含量0.55%，粗蛋白含量2.49%，维生素C含量20.70mg/100g。该品种高抗马铃薯X病毒病、马铃薯Y病毒病，中感晚疫病，易感疮痂病。

3. 高产型品种

（1）冀张薯12号。冀张薯12号是由张家口市农业科学院以大西洋为母本，以99-6-36为父本，通过有性杂交选育而成。2014年通过国家农作物品种审定委员会审定（国审薯2014004）。

该品种属中晚熟鲜薯食用型品种，生育期96d，株型直立，株高66.7cm，主茎粗壮，分枝少，茎叶浅绿色，花冠浅紫色，天然结实中等，生长势较强，块茎椭圆形，薯皮光滑，芽眼浅，淡黄皮淡黄肉，结薯浅而集中，单株主茎数

2.1个，平均单株结薯数5.4个，商品薯率86.98%，平均产量2 879.84kg/亩，高水肥条件下产量5 000kg/亩。块茎干物质含量19.21%，淀粉含量15.52%，粗蛋白含量3.25%，还原糖含量0.25%，维生素C含量18.90mg/100g。该品种丰产、耐水肥，田间表现中抗马铃薯Y病毒病、马铃薯X病毒病，不抗晚疫病。

（2）希森6号。希森6号是由山东省乐陵希森马铃薯产业集团有限公司、国家马铃薯工程技术研究中心以夏波蒂为母本，以S9304为父本，通过有性杂交选育而成。2016年通过内蒙古农作物品种审定委员会审定（蒙审薯2016003号）。

该品种属于中熟鲜食品种，生育期95d，株型直立，株高60cm，茎叶绿色，花冠白色，生长势强，块茎长椭圆形，黄皮黄肉，薯皮光滑，芽眼浅，单株主茎数2.3个，平均单株结薯数7.7块，商品薯率80%，平均产量2 500～3 000kg/亩，高水肥条件下产量3 500～4 000kg/亩。块茎干物质含量为22.60%，淀粉含量为15.10%，还原糖含量为0.14%，蛋白质含量为1.78%，维生素C含量为14.80mg/100g。该品种田间表现不耐水肥，抗病性差，不抗早疫病，较抗病毒病，为加工和鲜食兼用型优良品种。

（3）华颂7号。华颂7号是由内蒙古华颂种业有限公司以金冠为母本，以尤金为父本，通过有性杂交选育而成。

该品种属中晚熟鲜食品种，生育期95d。株型直立，株高65cm，主茎粗壮，茎绿带紫色，叶片深绿色，花冠紫色，生长势强，块茎椭圆形，薯皮光滑，芽眼浅，黄皮黄肉，休眠期长，结薯集中，商品薯率80%，平均产量2 900kg/亩，在良好栽培管理条件下产量可达3 500kg/亩。块茎干物质含量20.11%，淀粉含量14.20%，还原糖含量0.20%，粗蛋白质含量1.94%，维生素C含量22.00mg/100g。该品种高抗马铃薯Y病毒病和马铃薯卷叶病毒病，较抗晚疫病。

（4）蒙乌薯1号。由乌兰察布市农牧业科学研究院以冀张薯8号为母本，XS-06YH-03为父本，通过有性杂交选育而成。

该品种属中晚熟鲜薯食用型品种，生育期95d，株型直立，株高70.5cm；主茎粗壮，茎叶绿色，分枝少，生长势较强，花冠浅紫色，天然结实中等，块茎椭圆形，薯皮麻，芽眼浅，黄皮黄肉，结薯浅而集中，单株主茎数2.23个，平均单株结薯数5.45个，商品薯率87.78%，平均产量2 879.04kg/亩，良好的栽培管理条件下可达5 000kg/亩。块茎干物质含量20.3%，粗蛋白含量1.66%、淀粉含量15.86%、还原糖含量0.45%、维生素C含量19.9mg/100g。该品种中晚熟丰产，耐水肥，生长势强,，田间表现高抗马铃薯Y病毒病，高抗马铃薯X病毒病，中抗晚疫病。

（5）中加2号。由内蒙古中加农业生物科技有限公司以ZJ-2011-226为母本，以YJ-2011为父本通过有性杂交选育而成。登记编号：GPD马铃薯（2018）150057。

该品种属中晚熟鲜薯食用型品种，生育期95d，株型直立，株高80cm，茎叶绿色，花冠浅紫色，自然结实强，块茎椭圆形，黄皮黄肉，表皮光滑，芽眼浅而少，切口无褐变，结薯集中，休眠期中等，耐贮性好。单株主茎数2.7个，平均单株结薯数6.57个，商品薯率90.64%，平均产量4 500kg/亩，良好的栽培管理条件下可达6 000kg/亩。块茎干物质含量19.56%，粗蛋白含量1.71%、淀粉含量14.82%、还原糖含量0.10%、维生素C含量32.11mg/100g。该品种中晚熟丰产，耐水肥，生长势强，田间表现高抗马铃薯Y病毒病，较抗早疫病、晚疫病。

（6）后旗红。原乌兰察布盟农业科学研究所从国外引回来的一个品系材料。

该品种属中晚熟鲜食食用型品种，生育期100d，株型直立，株高70cm，茎深紫红色，叶深绿色，花冠紫红色，块茎椭圆，红皮黄肉，芽眼浅结薯集中。单株主茎数2.7个，平均单株结薯数5.65个，商品薯率80.59%，平均产量2 800kg/亩，良好的栽培管理条件下可达4 500kg/亩。块茎干物质含量17.20%，粗蛋白含量2.0%、淀粉含量18.00%、维生素C含量27.00mg/100g。该品种中晚熟丰产，耐贮藏，田间表现较抗马铃薯X病毒病、马铃薯Y病毒病，较抗马铃薯卷叶病毒病和环腐病。

（7）陇薯7号。陇薯7号是由甘肃省农业科学院马铃薯研究所以庄薯3号为母本，以菲利多为父本，通过有性杂交选育而成，2008年通过甘肃省农作物品种审定委员会审定（甘审薯2008003），2009年通过国家农作物品种审定委员会审定（国审薯2009006）。

该品种属晚熟鲜食品种，生育期115d，株型直立，株高65cm，主茎粗壮，分枝少，茎叶绿色，花冠白色，天然结实性差，生长势强，块茎椭圆，薯皮光滑，芽眼浅，黄皮黄肉，结薯集中。商品薯率80%以上，平均产量1 912kg/亩，高水肥条件下产量3 000kg/亩。块茎干物质含量23.30%，淀粉含量13.00%，还原糖含量0.25%，粗蛋白含量2.68%，维生素C含量18.6mg/100g。该品种田间表现较抗马铃薯X病毒病、中抗马铃薯Y病毒病，轻感晚疫病。

（8）兴佳2号。兴佳2号是由黑龙江省大兴安岭地区农林科学研究院以国际马铃薯中心的资源“Gloria”为母本，以中国农业科学院蔬菜花卉研究所的资源“21-36-27-31”为父本，通过有性杂交选育而成。

该品种属中熟鲜食品种，生育期90d，株型直立，株高70cm，分枝中等，茎绿色，叶深绿色，花冠白色，天然结实少，块茎椭圆形，薯皮光滑，芽眼浅，淡黄皮淡黄肉，结薯集中。单株主茎数3.1个，平均单株结薯数3.5个，商品薯率85%，平均产量2 500kg/亩，高产地块达到3 500kg/亩以上。块茎干物质含量20.10%，淀粉含量13.40%，还原糖含量0.57%，粗蛋白含量2.92%，维生素C含量25.60mg/100g。该品种田间表现较抗晚疫病，耐旱，丰产性好，食味好。

第三节　彩色品种

一、铃田红美

铃田红美是由内蒙古铃田生物技术有限公司以专用鲜食薯NS-3为母本，LT301为父本，通过有性杂交选育而成。

该品种属中熟彩色鲜食品种，生育期88d，株型直立，株高57.8cm，主茎粗壮，茎紫褐色，叶深绿，花冠白色，天然结实性少，生长势强，匍匐茎中等，薯皮光滑，芽眼浅，块茎长椭圆形，红皮红肉，单株主茎数2.0个，平均单株结薯数5.4个，商品薯率79.0%，平均产量2 000kg/亩，在良好的栽培管理条件下产量可达3 000kg/亩。块茎干物质含量21.90%，淀粉含量为13.80%，还原糖含量0.26%，粗蛋白含量2.56%，维生素C含量23.20mg/100g，花青素含量35.90mg/100g。该品种田间表现抗马铃薯花叶病和马铃薯卷叶病，抗晚疫病、疮痂病，不抗早疫病，耐旱性差。

二、黑金刚

黑金刚由兰州陇神航天育种研究所，用航天育种技术选育而成的马铃薯品种。皮黑色，肉黑紫色。蒸煮后肉质呈宝石蓝般晶体亮丽蓝紫色泽，冠名黑金刚。

该品种属中晚熟彩色鲜食品种，生育期90d，株型直立，株高45cm，主茎粗壮，生长势强，茎深紫色，叶深绿，花冠紫色，花瓣深紫色，薯皮光滑富有光泽，芽眼浅，块茎长椭圆，深紫皮深紫肉，结薯集中，平均单株结薯数6～8个，平均亩产2 200kg/亩。淀粉含量为14.00%，还原糖含量2.49%，粗蛋白含量2.33%，维生素C含量22.00mg/100g。花青素含量高达170mg/100g。该品种田间表现耐旱、耐寒、适应性广、薯块耐贮藏。

该品种除营养丰富外，其富含的花青素还具有抗癌、抗衰老、美容和防止高血压等多种保健作用。

三、黑美人

黑美人是兰州陇神航天育种研究所与甘肃陇神现代农业有限公司，用航天育种技术选育而成的马铃薯品种。

该品种属中熟彩色鲜食品种，生育期90d，株型半直立，株高60cm，主茎粗壮，分枝较少，生长势强，茎深紫色，横断面三棱形，叶色深绿，叶柄紫色，花冠紫色，花瓣深紫色。块茎圆形，紫皮紫肉，芽眼浅，芽眼数中等，结薯集中，平均单株结薯数6个，平均产量为1 400～1 920kg/亩。淀粉含量14.00%，还原糖含量3.49%，粗蛋白含量2.39%，维生素C含量21.70mg/100g，花青素含量100mg/100g，抗坏血酸16mg/100g。属中早熟品种，耐旱耐寒性强，适应性广，薯块耐贮藏。

该品种的保健作用非常突出，富含花青素，抵抗自由基，预防各种自由基产生的疾病；可增强人体免疫力及抵抗力；可改善退行性老年痴呆；也可增强皮肤的弹性，保护皮肤。

参考文献

陈伊里，屈冬玉，2013. 马铃薯产业与农村区域发展[M]. 哈尔滨：哈尔滨地图出版社.

黑龙江省农业科学院马铃薯研究所，1994. 中国马铃薯栽培学[M]. 北京：中国农业出版社.

石瑛，卢福顺，王冬雪，2012. 几个马铃薯品种产量及品质形成的差异[J]. 中国马铃薯，26（1）：1-3.
杨映辉，王培伦，2017. 马铃薯优质高产高效生产关键技术[M]. 北京：中国农业科学技术出版社.

第三章　乌兰察布马铃薯栽培（种植）模式

乌兰察布种植马铃薯历史悠久，经过多年的栽培种植，马铃薯已经成为全市的第一主要农作物，常年种植面积在350万亩左右，全市11个旗（县、市、区）有10个旗（县、市、区）马铃薯种植面积达到25万亩以上。

乌兰察布马铃薯栽培发展历经多年，由早期传统粗放种植的栽培模式逐渐发展到目前脱毒种薯应用、测土配方施肥、地膜覆盖、扩垄缩株增密、膜下滴灌、高垄滴灌、喷灌、水肥一体化、病虫草害综合防治、机械化作业等多种技术并用，多种栽培模式共存的阶段。

第一节　马铃薯主要栽培模式发展历程

一、传统栽培模式

20世纪70年代以前，乌兰察布马铃薯种植主要是集体种植，栽培管理水平非常粗放，品种单一、种薯质量差、密度低、株行距结构很不合理，亩产仅500kg左右。

二、覆膜栽培模式

从20世纪80年代开始，在各级政府的支持下，在各级科研、农技推广部门的共同努力下，覆膜栽培技术逐渐得到了广大农户的认可，但推广面积很小，直到90年代才有所发展，亩产在800kg左右。

三、喷灌、滴灌栽培模式

乌兰察布常年降水量少，有“十年九旱”的别称，属于水资源十分缺乏的

地区。全市水资源总量为12.91亿m^3/年，可利用水资源量9.51亿m^3/年，其中地下水6.13亿m^3/年，地表水3.59亿m^3/年，重复计算量2 100万m^3/年。人均占有量不足500m^3/年，低于内蒙古乃至全国平均水平。干旱缺水是制约乌兰察布农牧业经济发展的重要因素。面对降水量小、蒸发量大、水资源短缺的实际，乌兰察布走上了以装备节水设施为重点的现代化农业发展道路。

从2006年开始，市委、市政府出台了多项优惠政策，对马铃薯喷灌设备等进行了补贴和政策支持，使得马铃薯喷灌高垄栽培模式进入了一个快速发展阶段。马铃薯脱毒种薯的使用率、栽培管理的理念得到前所未有的提高，使马铃薯栽培从传统的栽培模式跨越到现代化栽培模式，亩产也提高到2 500kg左右。

2008—2009年，全市膜下滴灌栽培面积发展到5万多亩。2010年，市委、市政府进一步加强了对马铃薯滴灌的扶持力度，对滴灌设施设备进行了补贴，马铃薯滴灌栽培面积发展到21.961 8万亩。通过试验示范，膜下滴灌马铃薯亩产可达3 000kg。

根据加快推进高效节水灌溉发展的实施意见要求，乌兰察布计划利用2018—2020年三年的时间，对耗水较高的喷灌灌溉方式和传统大水漫灌方式进行彻底改造，按每亩330元对节水改造工程进行补助，将60万亩喷灌和30万亩漫灌面积改造为90万亩农田高效节水灌溉滴灌面积。通过改造建成一批高效节水型、生态型现代化灌区。限制发展低压管道输水灌溉、喷灌，杜绝大水漫灌。2018年改造面积达到12万亩，2019年改造面积达到30万亩，2020年改造面积达到48万亩。

第二节　马铃薯种植模式

一、马铃薯滴灌种植模式

根据有无地膜覆盖，分为覆膜滴灌（即常被称为膜下滴灌）和地表滴灌。

（一）覆膜滴灌

覆膜滴灌是覆膜种植技术和滴灌灌溉方式相结合而形成的一种新的栽培模

式，同时具有覆膜的增温、保湿、抑草、防病等功能和滴灌的节水、节肥等功能。覆膜滴灌也存在一些缺点，膜上覆土后，滴灌管漏水不容易被发现，长期埋在土下易被虫咬；由于地膜的阻隔，雨水不能直接从垄台进入土壤；收获时地膜覆盖薯块，给捡拾薯块带来不便；地膜残留等。

目前马铃薯覆膜滴灌主要有3种模式。

1. 一次覆一膜

小型播种机一次覆一膜，一膜种两行，行距30cm，两行中间铺一条滴灌管，垄沟间距1.2～1.3m。这是目前应用比较成熟的马铃薯覆膜滴灌种植模式，由于作业量小，适合种植面积小的地块，大面积种植可多台机具同时作业。

2. 一次覆两膜

两行播种机一次覆两膜，一膜种两行，行距17cm，两行中间铺一条滴灌管，垄沟间距90cm。由于垄台上种植的两行马铃薯靠近垄台外侧，匍匐茎和块茎容易长出垄台。

3. 一次覆四膜

四行播种机一次覆四膜，一膜种一行，铺一条滴灌管，垄沟间距90cm。

（二）地表滴灌

滴灌管铺于地表（每隔2～3m压一锹土）或埋入地表下1～3cm。

二、马铃薯喷灌种植模式

按照管道可移动程度，喷灌系统分为固定式、半固定式和移动式3种。

（一）固定式喷灌系统

固定式喷灌各组成部分在整个灌溉季节中除喷头外，其他部分都是固定不动的。这种方式运行管理方便，工作效率高，易于保证喷灌质量，但系统所需管材量大、投资高，目前多用于经济作物灌溉及所需灌溉次数多、人工成本高的地区。对地形复杂的丘陵地区，由于管道移动不便，故多采用固定式喷灌。

（二）半固定式喷灌系统

干管固定，支管及喷头移动的系统称为半固定式喷灌系统，除喷头和装有许多喷头的支管可在地面移动外，其余部分固定不动。当支管在一个位置喷洒完毕后，就移动到下一个灌水位置。因此整个系统可减少支管及喷头数量，设备费用减少，但相应增加了劳动强度及运行管理难度。半固定式喷灌系统的特点介于固定式喷灌与移动式喷灌二者之间。

（三）移动式喷灌系统

移动式喷灌系统分为移动管道式喷灌系统和喷灌机组。移动管道式喷灌系统除水源、机泵外，其余各级管道和喷头等均能移动，可在不同地块轮流使用，从而提高了管道及喷洒设备的利用率，降低了系统投资，但拆装管道及设备的劳动工程量较大。机组式喷灌系统以喷灌机为主要设备，具有集成度高、配套完整、机动性好、设备利用率高和生产效率高等优点，适宜在农业机械化程度高的地区使用。

三、旱作主要种植模式

露地平播：宽行0.70m，窄行0.40m。

起垄覆膜膜侧种植：起垄覆膜，垄底宽0.50m，垄宽0.30m，种薯播种在自垄顶向垄侧2/3处，行距0.40m。

双垄全膜覆盖沟播；大小垄种植，垄和沟均覆膜，大垄高0.10m，垄宽0.70m，小垄高0.15m，垄宽0.40m，大小垄中间的垄均为播种沟。

参考文献

陈建保，张祚恬，郝伯为，等，2013. 乌兰察布地区旱地覆膜马铃薯不同种植模式分析[J]. 内蒙古农业科技（2）：47-49.

石学萍，秦焱，兰印超，等，2020. 冀西北高寒区马铃薯中心支轴式喷灌机水肥一体化技术规程[J]. 新疆农垦科技，43（8）：23-24.

孙云云，刘方明，高玉山，等，2020. 覆膜滴灌技术研究进展[J]. 农业工程，10（3）：68-71.

第四章　乌兰察布马铃薯栽培（种植）技术

第一节　马铃薯栽培技术的研究推广

一、加快脱毒种薯推广普及

20世纪70—80年代，乌兰察布已经开始有脱毒种薯的栽培，但由于脱毒种薯数量、农民接受能力、经济基础等因素的限制，多年来脱毒种薯的应用率不高。近几年，通过加强马铃薯种薯基地建设，完善种薯生产技术，强化质量监测体系，加大脱毒种薯宣传和培训力度，使乌兰察布脱毒种薯的利用率由过去的不到20%，发展到现在的70%。从品种结构调整看，在传统品种克新1号的基础上，引进推广冀张薯12号、希森6号等优质高产品种，优化了品种结构。

二、提高马铃薯机械化栽培水平

马铃薯机械化栽培是发展现代马铃薯集约化栽培的必然选择，乌兰察布从20世纪90年代开始，结合农机补贴积极引进发展了小型马铃薯耕作和播种机械。伴随马铃薯规模化种植的快速发展，马铃薯大中型机械得到了推广应用。目前播种、覆膜、中耕、植保、收获各个环节实现了全程机械作业，作业质量高。

三、推广马铃薯扩垄缩株增密栽培技术

亩株数是决定农作物产量的直接因素，合理密植在于既能发挥个体植株的生产潜力，又能形成合理的田间群体结构，进而提高单位面积产量。但大部分小种植户马铃薯种植密度普遍较低，投入不足，严重影响了马铃薯产量。试验

证明，通过扩大行距、缩小株距增加种植密度，增加投入，可改善通风透光条件，减少植株间养分竞争，保证马铃薯商品率，增加产量。该项技术经过两年试验示范具有显著的增产和增收效果。

针对马铃薯种植密度低，株行距结构不合理，不利于机械中耕培土的实际，通过多年的试验示范研究，乌兰察布总结并推广了一套扩垄缩株增密栽培技术，改变农民传统种植方式，将农民70～80cm行距扩大到120～130cm，将株距由原来的50cm缩小到25～30cm，一般亩保苗2 800～3 300株，较传统种植增加1 000株以上。经试验，推广应用扩垄缩株增密栽培技术，可以改善马铃薯田间通风透光条件，增加光能利用率，增加种植密度，提高劳动效率，为机械化播种和中耕培土提供有利条件，增产率达到20%以上。

四、推广测土配方施肥技术

结合测土配方施肥项目的实施，扩大测土施肥使用面积，改变乌兰察布重氮轻磷钾传统施肥观念，推广马铃薯专用复合肥的使用。根据不同区域土壤养分情况推广应用不同养分含量的肥料，合理施肥，提高肥料利用效率，使马铃薯种植增产增效，达到高产、优质、高效的目的。

五、病虫草害绿色综合防治技术

马铃薯地下害虫主要有地老虎和金针虫等，可通过倒茬、秋翻地进行防治，或在播种时利用高巧拌种，起到防虫的作用。中耕是覆土、除草、降温最有效、绿色的农业措施，适时中耕可起到事半功倍的效果。马铃薯旱作病害较少，根据气象预报和马铃薯病害发生预警系统进行病害防治，如气候不具备发病条件的尽量减少用药次数和用药量，使用低毒高效农药或生物农药，提高产品的品质，通过生产高质高价产品来提高种植效益，打造绿色品牌。

六、大力推广可降解地膜的应用

由于乌兰察布降水量限制，覆膜是旱作上必不可少的技术措施，但是为了不造成地膜污染，应用降解地膜是目前来看最可行的方法，降解膜的利用对于乌兰察布农业可持续绿色发展意义重大。

第二节 马铃薯主要栽培技术

一、马铃薯滴灌生产技术

滴灌是通过输水管道将水输送到植物根部，以水滴形式渗入根部土壤的灌溉方式，是目前世界上最节水的一种灌溉方式。

（一）滴灌系统组成

滴灌系统主要由首部系统、输水管道、滴灌管等组成。

1. 首部系统

首部系统包括水泵、过滤设备、施肥设备、测量仪表、控制闸阀等。

（1）水泵。根据井水供水量及水面离地面高度配置适宜功率、流量及扬程的水泵。

（2）过滤设备。滴灌管出水口流道直径很小，一般为0.5～1.2mm，易被水中杂物堵塞，因此，需要安装过滤设备。目前常有的过滤设备由水沙分离器与网式过滤器或叠片式过滤器配套组合而成。

水沙分离器的工作原理是让水流在其间旋转，在离心力的作用下将沙粒甩出水体，在重力的作用下沉入贮沙罐。水沙分离器只能将较大的沙粒从水中分离出去，细小的沙粒及其他杂物还得通过网式过滤器或叠片式过滤器进行过滤。因此水沙分离器用作初级过滤，须与网式过滤器或叠片式过滤器配套使用。

网式过滤器的工作原理是通过滤网将细小的沙粒和其他杂物过滤掉。滤网上沉积的杂物渐多，水流受阻大，压力损失也随之增大，增大到一定程度时滤网被压破，因此要定期清洗滤网。

叠片式过滤器的工作原理是水流流经叠片，利用片壁和凹槽来聚集及截取杂物。叠片式过滤器的特点是过滤效果好，清洗简便，比滤网抗压能力强，使用寿命长。

水中沙粒太多，在很短的时间内过滤设备就被堵塞，这种情况下需要建一个沉沙池，先将水抽入沉沙池，静置一定时间后，再抽上层清水进行浇灌。

乌兰察布滴灌水源大多数是井水，水中可能有沙粒但几乎没有其他杂质，如果沙粒很少，只安装叠片式过滤器，配用贴片式滴灌管，孔口朝上铺设。

（3）施肥设备。施肥设备的工作原理是将肥或药溶于水中并在滴灌浇水的同时随水一起施入植物根部土壤中。常用的施肥设备有压差式施肥罐、泵入式施肥装置、文丘里施肥器。

①压差式施肥罐：施肥罐由溶肥罐、进水管、出水管、开关闸阀、调压阀等组成。施肥或施药时，操作调压阀使施肥罐进水口和出水口形成压力差，将施肥罐中溶于水的肥或药压入输水管道，施入田间。施肥或药进度通过调整压力差来完成。

压差式施肥罐操作简单，不需要外加动力，是目前普遍使用的一种施肥设备，其缺点如下：

第一，肥或药液浓度变化大，先进入输水管道的肥或药液浓度大，后进入输水管道的肥或药液浓度小，施肥或药不均匀。

第二，罐体容积有限，所施肥量大时，需多次添加，比较烦琐。

第三，调压会造成一定的压力损失。

随着施肥的自动化和精准化推进，这种施肥设备，会被逐渐淘汰。

②泵入式施肥装置：泵入式施肥装置其工作原理是，用泵将溶肥桶中的肥液或药液定时定量地泵入输水管道。

泵入式施肥有如下两种形式：

第一，将肥料定时定量缓慢加入溶肥桶，肥随水流溶化后，用水泵注入输水管道。

第二，将肥料一次性加入溶肥桶，搅拌机搅拌均匀，用计量泵将肥液定时定量地注入输水管道。这种加肥方式需要足够大的溶肥桶。

泵入式施肥装置施肥过程中肥液浓度基本保持一致，且无压力损失。

③文丘里施肥器：文丘里施肥器的构造及工作原理是，流水管道由粗变细再变粗，水流经过细处时流速加快，产生负压，将溶肥桶中的肥液吸入输水管道。其优点是操作简便，不需要另加动力，肥液浓度一致，缺点是压力损失较大。施液体肥，或者单施农药，或者小面积施肥（如温室、网室生产原原种），可以用这种施肥器。

（4）测量仪表。

①水表：水表用于计量井水出水量，是确定灌溉区面积的重要依据之一。

随着用水高峰的到来，井水供水量有可能变小，如果出现这种情况，应根据水表数值的变化程度调整灌溉面积和灌溉时间。

②压力表：压力表可以显示系统是否正常运行，过滤器前的压力表数值变大说明过滤设备堵塞情况，数值突然变小应查看管道封闭情况，是否跑水漏水。

（5）控制闸阀。

①逆止阀：安装在出水口，逆止阀的作用是停泵时阻止输水管道中的水倒流入井中，从而避免肥（药）液流入井中，避免输水管道因水倒流产生负压而引起爆裂，避免滴灌管滴孔因水倒流吸入泥沙等杂物而引起堵塞。

②进排气阀：进排气阀安装在管道最高处，其作用是防止起泵输水时管道内空气形成气阻，停泵时管道内出现负压引起爆裂。

2. 输水管道

输水管道通常由主管、支管和滴灌管组成。

（1）主管。分地埋主管和地上主管两种类型。

①地埋主管：地埋主管埋于地表80cm以下，每隔一定距离安装一个通向地面的出水桩，用以连接支管。地埋主管支管铺设长度及铺设间距取决于井水出水量、灌溉小区面积、地形等因素，应由专业人员来设计和安装。

地埋主管一次性完工，使用寿命长，但存在许多缺陷：

第一，使用PVC管做主管时，埋管挖沟时坡度不够、沟底不平、地基软硬不一致等原因，导致停灌后地埋横管排不尽水，地埋主管在冬季因冻冰而胀裂，春季延误浇水，而且维修不方便。

第二，出水桩给机具田间作业带来很大不便且常常被碰坏。

第三，施工时间受限，秋收后上冻前是最佳施工时期，但项目工程必须提早计划并提前半年实施；冬季施工质量差且费用高；春季施工往往延误播种。

②地上主管：用PE软管作主管铺于地上，用四通连接件与PE支管连接，播种后铺设，收获前卷起。

地上主管的优点如下：

第一，没有地埋管的地块，播种时来不及埋管的地块，不用提前施工。

第二，不影响农机具田间作业。

第三，经常变动地块的种植者，随种植地块的变动而迁动。

第四，一次性投资少。

PE软管的最大缺点是回收盘卷时形成很多死折，在装卸、拉运及来年再铺时，死折处很容易被磨破导致漏水。

实际操作中，人工盘卷时不可避免地折成死折，为此，乌兰察布农牧业科学研究院发明了PE软管卷管机，用卷管机盘卷PE软管规整无死折，无破损，延长了PE软管的使用寿命。

（2）支管。支管用于连接主管道和滴灌管，常用直径63mm的PE软管作支管道。支管铺设长度及间距依地埋主管间距及出水桩间距而定。

3. 滴灌管

滴灌管是最末一级输水管道，与滴水器合为一体，既是输水管道，又具滴水功能。

（1）滴灌管分类。常用的滴灌管有两种类型，即边缝式滴灌管（也叫迷宫式滴灌管）和贴片式滴灌管（也叫内镶式滴灌管）。

边缝式滴灌管，在滴灌管制造过程中，在滴灌管的一侧热合压出带有迷宫式流道的滴水出口，使输水管道和滴水器成为一体，兼具输水和滴水功能。生产边缝式滴灌管时加入一定比例的再生料，质量相对较差，抗拉拽、抗磨损、抗风化能力差。

贴片式滴灌管，在滴灌管制造过程中，将扁平滴头镶嵌在内壁上，使输水管道和滴头成为一体，兼具输水和滴水功能。由于贴片式滴灌管用全新料制造，质量明显优于边缝式滴灌管。另外，贴片式滴灌管还有以下优点，首先，贴片设有过滤窗，抗堵能力强；其次，铺设滴灌管时，贴片出水口朝上，沙粒在滴灌管下侧流动，减少堵塞。

（2）滴灌管的选用。滴灌管滴孔流量规格有1.38L/h、2.0L/h、2.6L/h、3.0L/h等。

选用滴灌管滴孔流量的原则如下：

第一，沙质土壤，选用滴头间距较小的滴灌管，以增大横向扩散的范围；黏性土壤，选用滴头间距较大的滴灌管，以免造成地表径流。

第二，滴灌管浇双行马铃薯选用流量大的滴灌管，滴灌管浇单行马铃薯选用流量小的滴灌管。

第三，滴灌管铺设长度短，选用流量大的滴灌管；滴灌管铺设长度长，选用流量小的滴灌管。

第四，在其他条件相同的情况下，尽可能用滴孔流量小的滴灌管，以增大支管间距，减少支管用量，降低成本，更重要的是减少田间作业量。

（二）滴灌的优点和缺点

1. 滴灌的优点

（1）省水。输水管道无渗漏、无蒸发；滴灌只湿润作物根部土壤，无地表径流，无深层渗漏，无漂移；适时、适量、均匀地供水，水分利用率高。

（2）省肥。肥料随水适时、适量、均匀地施入作物根区土壤中，提高了肥料利用率，降低了肥料使用量。

（3）节能。因节水而节能；与喷灌相比，滴灌低压运行，抽水扬程小，耗能低。

（4）草害轻。滴灌只湿润作物根区，作物行间土壤干燥，因此行间草少或生长缓慢。

（5）病害轻。滴灌只湿润部分土壤，茎叶不着水，田间空气湿度低，病害轻。

2. 滴灌的缺点

（1）易堵塞，滴灌管滴孔处流道狭窄，直径为0.5 ~ 1.2mm，很容易被水中的杂物特别是细小的杂物或肥料堵塞。

（2）滴灌管裸露地表易招鸟啄，埋入土中易遭虫咬。

（三）马铃薯滴灌田间作业要求

1. 覆膜滴灌田间作业要求

（1）播种机作业时铺滴灌管、覆膜。随播种机播种，铺滴灌管、覆膜作业一次性完成。播种后接通支管及滴灌管随时浇水。

（2）培土机作业时卷起支管。培土时，先把滴灌管从支管上取开，用直通连接，再把支管卷起。培土作业顺畅、高效、高质，培土完成后重新接通。

（3）打药机作业时垫平打药道支管。将打药道上支管附近的垄台挖低，垄沟垫高，拖拉机平稳通过，避免因拖拉机碾压架空的支管导致滴灌管从三通上被揪开或三通从支管上被揪开。

（4）杀秧机作业时先回收支管，回收支管用卷管机盘卷，人工卷管易折成死折，折角处易破损。

（5）收获机作业时先破膜。收获前，先拉滴灌管破地膜，减少收获时地膜覆盖薯块的现象。

2. 地表滴灌田间作业要求

地表滴灌所用机具与喷灌所用机具完全相同，铺设或提升滴灌管时，在播种机或培土机上临时增加一些装置即可。铺设滴灌管有两种方式。

（1）培土时铺设滴灌管。在培土机上增加铺设滴灌管的装置即可，装置结构简单，造价低，购买或自制均可。培土之前如果土壤干旱，用移动喷灌补水，但效果差。

（2）播种时铺设滴灌管。在播种机上增加铺设滴灌管的装置即可，播种时铺上滴灌管，土壤墒情差可及时浇水，培土时通过安装在培土机上的提升装置将滴灌管提起并放在培好土的垄台上。由乌兰察布市农牧业科学研究院发明的滴灌管提升装置，解决了播种时铺上滴灌管，培土时把滴灌管埋得太深或滴灌管打折导致出水不畅或不出水的问题。

（四）滴灌系统的管理与维护

1. 防止滴灌产品堵塞的关键设备

（1）过滤器顶部未有效密封，灌溉水直接从顶端进入到灌溉系统中。

（2）过滤器芯破损，灌溉水直接进入到滴灌系统中。

（3）过滤器芯支撑破损，不能有效支撑外层滤网，灌溉水直接进入到灌溉系统中。

2. 滴灌系统的日常维护

（1）春季开始浇第一水前，先将井水中的脏水抽出，直至水变清澈后再输入输水管道。在接滴灌管之前，先将主管道及支管道冲洗干净。

（2）定期清理过滤设备。定时检查过滤器的进出水口压力如有堵塞需自动或手动反冲洗。对介质过滤器，定期检查滤层厚度（40cm），必要时及时添加滤料。对于滤网、碟片过滤器，定期清洗滤网或碟片，必要时用10%的盐酸或者双氧水浸泡清洗。

（3）浇水期间，要经常巡查管道，发现漏水及时处理。停灌后，及时排泄首部系统及输水管道中的水，预防冬季冻破。

（4）施肥罐加入固体肥料的体积不超过罐体容量的2/3。

（5）仪表、阀门等应配置齐全。

（6）铺设滴灌管的设备要光滑，防止划伤滴灌管。用回收机回收PE软管，减少损伤，延长使用寿命。

（7）地下害虫严重的地块，专门针对咬滴灌管的地下害虫施2～3次杀虫剂。用驱鸟剂或太阳能声波（语音）驱鸟器的方法，赶走啄滴灌管的鸟。

二、马铃薯喷灌栽培技术

喷灌是利用机械和动力设备把水加压，将有压水送到灌溉地段，通过喷洒器（喷头）喷射到空中散成细小的水滴，像降雨一样均匀地洒落在地面，湿润土壤并满足作物需水要求的一种灌溉方式。

（一）喷灌系统的组成

喷灌系统是经水源取水并输送、分配到田间进行喷洒灌溉的水利工程设施。喷灌系统一般由水源、水泵、动力、管道系统及喷头等部分组成。

（1）水源。要进行喷灌首先要有水源。喷灌水源需符合灌溉水质要求，除高含沙水及一些劣质水质外，河流、渠道、水库和井泉等都可作为喷灌水源。

（2）水泵。喷灌需要使用有压力的水才能进行喷洒。通常是用水泵将水提吸、增压、输送到各级管道及各个喷头中，并通过喷头喷洒出来。喷灌可使用各种农用泵，如离心泵、潜水泵、深井泵等。

（3）动力。在有电力供应的地方常用电动机作为水泵的动力机。在用电困难的地方可用柴油机、拖拉机或手扶拖拉机等作为水泵的动力机，动力机功率大小根据水泵的配套要求而定。

（4）管道系统。管道系统的作用是把经过水泵加压以后的灌溉水送到田间去，因此要求能承受一定的压力，一般分成干管和支管两级。为了避免作物的茎叶阻挡喷头的水舌，常在支管上装有竖管，在竖管上再装喷头，使喷头高出地面一定距离。如果需要利用喷灌系统施肥还要配备肥料罐及注入装置。

（5）喷头。喷头装在竖管上或直接安装于支管上，是喷灌系统中的关键设备。喷头将管道系统输送来的水通过喷嘴喷射到空中，形成下雨的效果洒落在地面，灌溉作物。

（二）喷灌的优点和缺点

1. 喷灌的优点

（1）提高产量。喷灌可采用较小的灌水定额对作物进行灌溉，便于严格控制土壤水分含水率及灌水深度，有利于作物生长。同时可调节田间小气候，增加近地表层的空气湿度，为作物创造良好的生长条件。

（2）适应性强。喷灌适应于各种场所大田作物、温室，各种土壤和地形均可采用喷灌技术。

（3）省工。喷灌可实现高度的机械化，尤其是采用自动控制的大型喷灌机组成喷灌系统，可节省大量劳动力。喷灌取消了田间输水毛渠农渠，又可结合施入化肥和农药，减少了劳动量。

2. 喷灌的缺点

（1）受环境影响大。当风速大于5.5m/s（相当于四级风）时，就能吹散雨滴，增加水量损失。风力还会改变水舌形状和喷射距离，降低喷灌均匀性，在气候干燥时，蒸发损失增大，降低效果。

（2）投资费用高。喷灌设备投资费用高于其他地面灌溉工程。每台喷灌机需要30万元，加配套电、机电井，共需50万元。

（3）需要土地集中连片。由于采用喷灌浇地，土地需达到最低标准200亩，乌兰察布通常通过土地流转，将土地集中起来耕种。

（4）水量需要满足喷灌机用水。如果使用水井供水，每小时需要出水80t左右才能浇地。

（三）喷灌系统的日常保养及故障排除

1. 维护与保养

（1）对机组松动部位应及时紧固，机组的动力机、水泵的保养应按有关说明书进行。

（2）对喷灌机械的各润滑部位要按时润滑，确保润滑良好和运转正常。

（3）作业结束后，应将输水管道内外壁上的泥沙清理干净，不要暴晒和雨淋，以防塑料管老化。管道应洗净晒干（软管卷成盘状），放在阴凉干燥处，远离火源和腐蚀性强的物品。

（4）喷头工作一定时间后，应进行拆卸检查，清除泥沙，擦净水迹，活动部分加注少许润滑油防锈；长期不用时，喷头应拆卸后清洗干净，用油纸包好存放，严禁将喷头放在酸碱及高温场所。

（5）每次喷灌后，要将机、泵、喷头擦洗干净，转动部分及时加油防锈；冬季要把泵内及管内存水放尽，以防冻裂。

（6）喷灌机组长时间停止使用时，必须将泵体内的存水放掉，拆检水泵、喷头，检查空心轴、套轴、垫圈等转动部件是否有异常磨损，并及时检修或更换损坏件。擦净水渍，涂油装配，进出口包好，停放在干燥的地方保存。

2. 常见故障及排除

（1）水泵不出水。自吸泵储水不够，增加储水灌；进水管接头漏水，更换密封圈；吸程过高，降低吸程；转速过低，提高转速或调整“V”形带的松紧度。

（2）出水量不足。进水管滤网堵塞，清除滤网；自吸泵叶轮堵塞，拆开泵壳清除堵塞物；扬程太高，降低扬程；转速太低，提高转速；叶轮环口漏水，更换环口处密封圈。

（3）输出管路漏水。输出管裂纹，更换水管；快速接头密封圈损坏，更换密封圈；接头的接触面有杂物，清除接头接触面的污物。

（4）喷头不转动。摇臂安装角度不对，调整角度；摇臂松动，紧固摇臂；摇臂弹簧太紧，调整摇臂弹簧；水压太小，用加压泵加压；空心轴与轴套间隙太小，调大间隙。

（5）喷头工作不稳定。摇臂安装位置不正确，调整摇臂高度；摇臂弹簧调整不当，调整或更换摇臂弹簧；摇臂轴松动，紧固摇臂轴；换向器轴磨损严重，更换换向器或摇臂轴套；换向器摆块突起高度太低，调整摆块高度；换向器摩擦力太大，向摆块加注润滑油。

（6）喷头射程小，喷洒不均匀。摇臂打击频率太高，调整或更换摇臂弹簧；摇臂高度不对，调整摇臂调节螺母，改变摇臂吃水深度；压力不够，调整工作压力；管路堵塞，清除管路中的堵塞物。

（7）有杂声及振动较大。泵轴弯曲，修理或更换泵轴；轴承间隙配合不对，调整轴承配合间隙；轴承磨损或破碎，清洗、加润滑油或更换新轴承。

（8）喷头转动部分漏水。垫圈破损，更换垫圈；垫圈中进入泥沙，密封不严，拆下空心轴进行清洗；喷头加工精度不够，空心轴与轴套端面不密合，修理或更换喷头。

三、马铃薯旱作栽培技术

（一）乌兰察布旱作马铃薯基本概况

乌兰察布是传统的旱作农业区，耕地面积约1 000万亩，2000年以后开始发展节水灌溉农业，到目前为止，水地面积达到约355万亩，占比35%，发展的潜力已经十分有限。旱地645万亩，仍占65%。马铃薯年播种面积400万亩，其中旱作马铃薯播种面积约250万亩，规模很大，对于马铃薯产业的发展和农民增收意义重大，不可忽视。由于近些年喷灌、滴管等节水灌溉技术的应用对马铃薯产量和效益的提升明显，科研和技术推广重心也逐渐向这方面偏移，造成旱作农业的研究进展缓慢，旱作产量和效益提升不高，农民旱作生产的积极性不高，投入少，见效慢，旱作农田撂荒现象也很普遍。但是由于乌兰察布干旱少雨，喷灌等用水量加大，地下水开采严重，地下水位下降较快，水量保证率在80%左右。近10年地下水的开采各地普遍下降了30～60m，如兴和县店子镇地下水开采深度已达140m，察右后旗土牧尔台镇炕愣村地下水开采深度已达170m。一些乡镇在用水旺季已影响到农民、牲畜的生活用水。目前，地下开采水资源的潜力不大，从长远看，从国家对内蒙古绿色生态发展战略看，灌溉农业并不是乌兰察布市农业发展的主导方向，旱作农业、生态农业、绿色农业才是农业发展的未来，旱作农业和特色农业有机结合才能实现生态效益和经济效益并重，才能实现可持续发展。

（二）马铃薯旱作主要栽培技术

1. 地膜覆盖技术

地膜覆盖可减少地表水分的蒸发，能够提高覆盖面的地表温度，具有蓄水保墒的作用，提高作物对自然降水的利用率。

2. 垄作技术

垄作种植改良了传统的栽培方式，改善了土壤结构，使土壤更加疏松；深层施用肥料，提高了肥料效率；有助于提高马铃薯种植密度；使植株间通风透光，从而减轻病虫为害；通过提高土壤的温度，促使出苗整齐，发苗健壮。

3. 起垄覆膜栽培技术

覆膜及沟垄种植模式下能够提高马铃薯的大薯率和商品率。覆膜有助于提高旱作马铃薯的产量和单株结薯数，与露地平播相比，起垄覆膜方式能够提高旱作马铃薯产量，并且覆膜具有显著的集雨效果，能够提高水分利用效率。双垄全膜覆盖能明显增加表层土壤含水量。

参考文献

甘肃省农业科学院马铃薯研究所，2020-4-10. 一种扩垄缩株的马铃薯栽培方法：中国，CN202010017330.7[P].

孙淑贤，孟官旺，王金荣，2009. 喷灌圈马铃薯栽培技术[J]. 现代农业科技（10）：54，60.

王芙兰，2013. 陇薯系列马铃薯旱地起垄覆膜增产栽培技术[J]. 中国种业（6）：89-90.

王镭，2020. 关于旱作覆膜马铃薯种植技术分析[J]. 农家参谋（36）：40.

徐秀秀，罗茂，杨俊峰，2015. 乌兰察布市马铃薯机械化膜下滴灌高产技术[J]. 现代农业（11）：54-56.

张建廷，2007. 乌兰察布市马铃薯种植与收获机械化的问题及其对策[J]. 科技资讯（29）：89-89.

张金美，2019. 测土配方施肥技术在马铃薯生产中的应用效果[J]. 农业开发与装备（12）：173.

第五章　乌兰察布马铃薯脱毒种薯生产技术

脱毒种薯是指马铃薯经过一系列物理化学、生物方法或应用其他技术消除薯块体内的病毒后，获得的经检测无病毒或极少有病毒侵染的马铃薯种薯。脱毒种薯是马铃薯脱毒快繁及种薯生产体系中各种级别种薯的统称，其中由脱毒试管苗诱导生产的薯块称为脱毒试管薯；在人工控制的防虫网中通过试管苗移栽、试管薯栽培或脱毒苗扦插等生产的小薯块称为脱毒微型薯。按等级来分又分为原原种、原种、大田用种等。脱毒种薯生产区别于一般的种子繁育，它需要严格的生产规程，需要按照各级种薯生产技术的要求，采取一系列防止病毒及其他病害感染的保障措施，包括种薯生产田块需要人工或天然隔离条件，严格的病毒检测监督措施，适时播种和收获，及时拔除田间病株，清除周围环境的病源，防蚜避蚜，种薯收获后检验等，每块种薯田都要严格把关，确保脱毒种薯质量。

第一节　马铃薯脱毒技术

马铃薯在种植过程中易感染病毒，病毒会在植株体内增殖，转运和积累在薯块中，逐代传递。由病毒侵染造成的马铃薯种质退化，在影响马铃薯品质的同时，可造成马铃薯减产20%～30%，严重者可达80%以上。病毒的增殖与马铃薯正常代谢密切相关，目前没有既能杀死病毒又不损伤马铃薯植株正常生长的有效办法，病毒为害一度成为马铃薯的不治之症。病毒在植物组织中的分布是不均匀的，例如在靠近马铃薯茎的顶端，病毒浓度很低或不带病毒。依据这一特性，可以通过茎尖培养来获得马铃薯脱毒苗。马铃薯茎尖脱毒技术可去除马铃薯块茎主要病毒，恢复原品种的特性，不会导致遗传性状的改变，同时在脱毒过程中也将其所感染的真菌和细菌病原物一起去除。没有病毒感染的马铃薯植株叶绿素量增加，叶面积增加，光合作用明显增强。研究表明，脱毒马铃薯的病毒病和晚疫病发生轻，植株出苗期早、现蕾期早、开花期早，大中薯重量比例增加，使得马铃薯的产量增加，与普通马铃薯植株对比，可增产30%～50%。1953年Nirris将孔雀石绿加入培养基中抑制病毒繁殖，并通过茎尖组织培养，获得青山品种无PVX（马铃薯X病毒）的马铃薯植株。此后，通过茎尖组织培养获得无病毒植株的技术迅速发展，为解决马铃薯病毒为害提供了有效途径。

我国马铃薯茎尖脱毒技术研究和应用开始于20世纪70年代初，首先是吉林农业大学、辽宁省农业科学院等单位对茎尖组织培养技术进行了初步试验，并获得了成功。中国科学院植物研究所、动物研究所，原乌兰察布盟农业科学研究所和内蒙古大学等单位对马铃薯茎尖脱毒与病毒检测技术做了研究，使脱毒种薯生产技术由试验研究阶段进入到生产示范阶段，并于1976年在内蒙古建立了中国第一个马铃薯脱毒原原种场，从此中国无病毒种薯生产进入了新时代。该技术迅速在全国20多个省（直辖市、自治区）获得了推广。近年来，许多研究者综合应用植物组织培养、无土栽培、设施农业、节水灌溉和农业环境控制等技术，在马铃薯茎尖脱毒、试管苗工厂化扩繁、脱毒苗无土栽培、快速扦插繁殖、微型薯工厂化高效低成本繁育及微型种薯推广体系建立等方面进行了较多研究和探索，获得了许多成果。

一、茎尖剥离材料选择

在大田选择农艺性状好，抗逆性强，高产的单株薯块，作为组培的外植体，通过茎尖剥离、钝化脱毒处理和检测手段，筛选获得既无病毒、无类病毒、无真菌、无细菌病害，又能保持原品种特性的核心组培苗，用于组培苗的扩繁。

二、茎尖分生组织培养

茎尖分生组织培养是以带有1～3个叶原基的茎尖为外植体，经过愈伤组织的分化而形成再生植株。一株被病毒侵染的植株并不是所有细胞都带有病毒，越靠近根尖和芽尖的分生组织病毒浓度越小，并且有可能是不带病毒的。原因为：一是分生组织新陈代谢活动旺盛，病毒的复制须利用寄主的代谢过程，因而无法与分生组织的代谢同步活动与竞争；二是分生组织中缺乏真正的维管组织，大多数病毒在植株内通过韧皮部进行迁移，或在细胞与细胞之间通过胞间连丝传输。因为细胞到细胞之间的移动速度较慢，所以快速分裂的组织比病毒的复制速度快；三是分生组织中高浓度的生长素可能影响病毒的复制。

茎尖脱毒后，经检测确认不带马铃薯X病毒（PVX）、马铃薯Y病毒（PVY）、马铃薯S病毒（PVS）、马铃薯卷叶病毒（PLRV）、马铃薯M病毒（PVM）、马铃薯帚顶病毒（PMTV）、马铃薯A病毒（PVA）和马铃薯纺锤块茎类病毒（PSTVd）的试管苗被称为马铃薯脱毒苗。

三、脱毒苗生产车间布局

脱毒苗生产车间布局应遵循方便消毒、减少污染的原则，遵守操作流程。周围应无污染源，与大田生产隔离。要具备更衣室、清洗室、配制室、灭菌室、无菌贮存室、接种室、培养室等，各房间应隔离。生产环境应清洁、干燥，具有可提供充足自然光源和人工光源的组培室、车间或生产线（图5-1）。

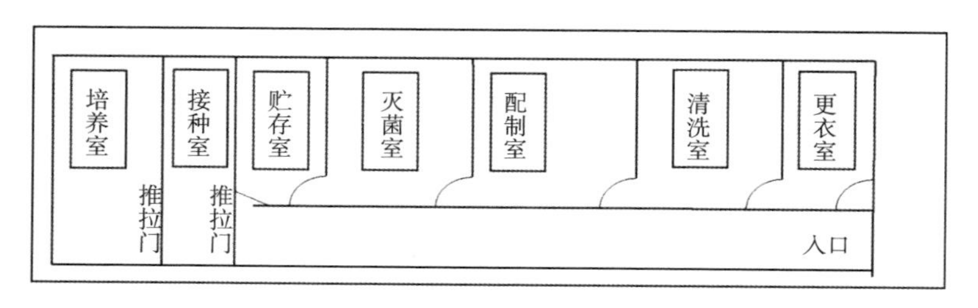

图5-1　试管苗生产车间布局平面示意图

四、设备及试剂

脱毒苗生产的组培设备、试剂参见附录1。

五、脱毒苗生产车间卫生要求

接种室、培养室应保持卫生，定期消毒，每周至少消毒一次。按照40%的甲醛和0.5%高锰酸钾2：1的比例，40%的甲醛溶液10mL倒入5g高锰酸钾容器内（每立方米空间用量），进行熏蒸，密闭1d后，通风，接种前接种室应强制过滤通风。

每次使用超净工作台前应提前20min打开紫外灯。接种时关闭紫外灯打开风机，超净工作台面及内壁用75%乙醇擦拭消毒。

操作使用的所有工具，使用前应灭菌。操作过程中镊子、剪刀、解剖刀等工具，每次使用前接触植物材料的部分应灼烧消毒或插入高温灭菌器中灭菌，冷却后使用，避免交叉污染。

工作人员应穿消毒工作服，用肥皂洗净双手，操作过程中，手和工作台面要经常用75%乙醇擦拭。

若将温室作为培养室，在温室配备有降温水帘和风机，水帘外进风方向应加孔径0.247mm（60目）网纱。温室内门口有缓冲间，在缓冲间应有消毒装置，可放入生石灰或其他消毒剂，工作人员进入时鞋底需消毒，发现污染及时清除。

六、适合马铃薯茎尖剥离的4种培养基配方

MS+NAA 0.5mg/L+6-BA 0.1mg/L

MS+IAA 0.5mg/L+KT 0.04mg/L

MS+KT 0.4mg/L+GA_3 0.2mg/L+NAA 0.1mg/L

MS+NAA 0.2mg/L

MS培养基配方见附录2。

七、茎尖剥离程序及操作细节

（一）茎尖剥离程序

外植体消毒→切叶原基放入专用培养基→愈伤组织（腋芽也可以通过专用培养基配制，无愈伤直接出生长点）→生长点→根茎叶→形成完整植株→检测→继代繁殖。

（二）具体操作细节

1. 剥离前准备

需准备的物品有滤纸、若干个小烧杯，每一个剥离芽配备2个小烧杯，1个用于乙醇处理，1个用于升汞处理，通用存放废弃物的大烧杯、剪子、镊子、剥离专用针、手术刀、无菌水（pH值不超过7，EC值在15以下），滤纸装入培养皿内，器械手术刀和专用工具、不同大小的烧杯或放废弃物的大烧杯均用牛

皮纸或报纸包好，放入高压灭菌锅内灭菌，所有物品提前灭菌，在操作前送往超净台。

准备的试剂有75%乙醇、0.1%升汞或10%次氯酸钠。

2. 培养基制作

首先是植物激素的配制，将通常用的植物生长素和分裂素的浓度统一配成1mL溶液含0.1mg激素，通常配100mL，10%的浓度，以便于使用。放置剥离茎尖的培养基比扩繁组培苗的培养基略软点为佳，每升培养基比标准MS培养基少放0.5g凝固剂，pH值在5.8～6。

3. 材料选取及处理

选择品种（系）农艺性状典型、健壮、没有明显病毒症状的单株，备选挂牌做标识，到收获时取其所结的块茎，先用小毛刷刷洗干净后，用小纸箱装好，单收单藏，自然通过休眠期或采取人工打破休眠期，块茎在恒温培养箱37℃，每天光照16h，光照强度2 000lx，放置30d左右后，用赤霉素溶液浓度在10%～20%（即10～20mg/L），浸泡20～30min，做催芽处理。赤霉素溶液的配制，先用少量75%乙醇将赤霉素溶解，然后加水稀释到所需的浓度。先配100mL 2 000mg/L的母液（称0.2mgGA_3，用75%乙醇与水稀释定溶于100mL），使用浓度取10mL母液，稀释至1 000mL。

整薯出芽时，将薯块放在有光处（光照强度大约在3 000lx）出的芽比较坚挺，取芽时，比较容易操作。从薯块上取下的芽，放入玻璃烧杯内，先用低浓度洗衣粉溶液浸泡1～2min，同时不停振荡，冲刷芽上的尘土，然后在烧杯上扎块纱布，放在水龙头下，采用小水流冲洗，持续冲洗2h或3h，然后控干水，送达无菌工作室。无菌工作按照常规，提前灭菌消毒。通常两人配合操作比较快，其中一人看外植体消毒时间，另外一人绑扎试管或瓶口，标号记录。

4. 进入超净台的程序

第一步在超净台内先用75%乙醇浸泡30～45s，并不断振动，使75%乙醇作用到芽的每个部位。第二步用无菌水冲洗3遍，控净水。第三步根据不同的品种和芽尖的大小，用0.1%升汞浸泡并不断晃动1～1.5min，或在5%漂白粉液中浸泡5～10min，或用10%次氯酸钠浸泡5～10min，药剂浓度和浸泡时间应根据需要而定（通常先要做预备试验）。第四步无菌水清洗4～5次，将外植体放在高压灭菌过滤纸上吸干水，滤纸在使用前，用镊子夹住滤纸在酒精灯上，转圈烤一下，能充分吸走外植体上的水分，降低污染率。第五步剥去外叶，借助40倍双目解剖镜，剥离茎尖直至露出半圆形光滑生长点，用消过毒的解剖刀或解剖针剥取尽量小的生长点或叶原基，0.1～0.3mm、带1～2个叶原基的茎尖分生组织。迅速接种于盛有茎尖培养基的容器中（茎尖培养基配方参见附录3），进行离体培养。用酒精灯烤干容器口并封口，在容器上注明编号、品种名称、接种时间。待看到明显伸长的小茎、叶原基形成可见的小叶时，转移到盛有MS培养基的容器内，培养成带4～5个叶片的脱毒苗。

5. 培养条件

（1）培养温度。白天24℃左右，晚上18℃，上下浮动1℃。

（2）光照长度。白天24℃保持14h，晚上保持在10h，光照与温度变化同步。

（3）光照强度。在愈伤形成长出生长点时光照强度在1 500～2 000lx，如果与扩繁的组培苗放在一间组培室，通常可以在瓶上盖张报纸。

6. 脱毒苗检测

单株扩繁，等繁殖出5株苗以上，可以进行第一次检测。将试管苗按瓶上的编号，在超净工作台内将每株的上部1/3～1/2茎段转入新的培养瓶中，编号不变。同时再将植株下部1/3～1/2的茎段装入病毒检测的样品袋中。取样时样品不能粘有培养基。

检测方法目前常用的有两种，第一种，双抗体酶联免疫吸附测定法（DAS-ELISA）可检测8种病毒与1种细菌性病害：PVX、PVY、PLRV、PVM、PVS、PVA、TMV、TSWV和CMS（环腐）；第二种，植物生物芯片（GeneTop PVB Kit）检测法，可检测7种病毒、1种类病毒和4种细菌性病害：PVA、PVM、PVS、PVX、PVY、PLRV、PMTV、PSTVd（类病毒）、环腐、青枯、软腐和黑胫病。一般地，每间隔 3 周左右继代繁殖1次，检测 1 次，继代繁殖3次，连续检测 3 次，才能通过检测（检测方法见第六章乌兰察布马铃薯种薯质量控制）。

经检测不带病毒的试管苗可进行试种观察。将每个试管苗取出一部分移栽到防虫网棚，结出的小薯种植到田间试种观察，检验其是否发生变异，符合原品种的典型性状的脱毒苗即为核心苗，可扩大繁殖，用于生产。

7. 脱毒苗扩繁

检测合格的基础苗在超净工作台上切断扩繁。将培养容器置于超净工作台上，瓶口用75%乙醇擦拭消毒，用长镊子取出脱毒苗，按单茎节切断，每个切断至少带一个叶片，腋芽朝上插入MS培养基，用酒精灯烘烤瓶口，用封口膜封好，注明编号、品种名称、接种时间。培养温度15～25℃，光照强度3 000～4 000lx，光照时间14～16h/d，采用自然光照培养室进行培养。培养15～20d，待苗长出5叶、苗高5cm以上即可移栽。

（三）注意事项

一般地，剥离茎尖大小与成活率和脱毒率有密切的关系，茎尖切得越大，其成苗率越高，脱毒率相对低；茎尖切得越小，其成苗率越低，脱毒率相对高。同时不同品种对激素反应有所差异，使用的激素种类和浓度不能一概而论，需勤观察，勤调整。

1. 仪器清洗消毒

当茎尖剥离操作结束，凡是茎尖剥离、变温处理和检测苗所用的器械、烧杯容器等都需及时用洗衣粉清洗和灭菌，将超净台面收拾干净，并用每10L水放12片消毒片的消毒液，或2%左右的巴氏消毒液或75%乙醇喷雾台面，用面巾纸或毛巾擦抹干净，以免交叉感染。

2. 无菌苗的再次剥离

薯块的首次剥离可获得两种可能的剥离苗，第一种剥离苗首次剥离成功并通过检测，进入程序的下一步，重复检测，直至成为核心苗。第二种剥离苗未通过检测，组培苗为无菌苗，但未完全将病毒脱干净，并存在已知的病毒，这种状况需要开展再次剥离，并采用药物与变温的方法处理再次剥离的茎尖。这次的剥离是从无菌的组培苗的生长点或腋芽上获得茎尖（无须外植体消毒这个环节），只带一个叶原基，大小在0.1～0.15mm，放入加药物的培养基上。

（1）高温和药物钝化处理的原理。当植株在40℃高温处理时，病毒和寄主RNA合成都是较为缓慢的，而植物正常生长能适应的极限温度为42℃，当温度达25℃时，植物完全恢复正常生长状态，当高温与正常温交替处理时，对组培苗正常生长影响不明显，从而提高脱毒效率。药物处理是指用化学物质的成分干扰病毒复制所需RNA的代谢，病毒唑属合成核苷类药，对许多病毒DNA和RNA合成有抑制作用。

（2）高温和药物钝化处理的具体操作。药物处理，在剥离培养基配方中加入病毒唑40～60mg/L或利巴韦林喷剂40～60mL/L。

变温处理，将剥离好的茎尖放入生长箱中培养，生长箱的条件设置在25℃，20～21h；40℃，4～5h，其中1 500～2 000lx光照12h，黑暗12h，钝化时间在4～6周。

通常再次剥离，采用药物与变温处理相结合的方法，能脱干净PLRV、PVY、PVX、PVM、PVA、PMTV等病毒，脱毒率在99%。

3. PVS病毒

PVS（马铃薯S病毒）再次剥离，采用药物与变温处理相结合的方法的脱毒率在75%左右。因此，在对待含PVS病毒的茎尖需不断继续剥离钝化、成苗、检测、再循环，同时不断调整杀病毒药剂的浓度和延长钝化，有些材料连续剥离钝化处理N次仍达不到理想的效果。需继续在茎尖的大小、钝化时间和药物上探索，直到成功，此种现象可能与马铃薯品种特性和生长速度有关，需进一步探讨研究。

PVS脱毒较难，剥离带有2个或3个叶原基均不能脱除，只有剥离带有1个叶原基的茎尖，茎尖长度在0.14～0.19mm才能脱除S病毒，实际操作中，茎尖长度在0.10～0.12mm，也不一定能99%脱干净。绝大部分病毒不侵染植株分生组织的细胞，但此实际情况表明马铃薯S病毒在生长点很近处也有分布，茎尖切取时间与大小不是很有规律。

（四）茎尖剥离案例分析

案例1

剥离苗有叶有茎，叶发紫，不长根。

原因：一是茎尖切得过大，维管束吸收养分；二是培养温度偏低，不利长根；三是光照强度超过了茎尖剥离光合作用的强度。

调整措施：将2叶1心的生长点剪下来，移入普通的MS培养基上，培养条件光照强度2 000lx、时间14h、黑暗温度18℃，有光温度24℃。

案例2

茎尖组织在培养基上，2周内没有变化。

需在培养温度上找原因，是否温度偏低，还有使用的激素是否浓度合适，或激素是否失效，把剥离的茎尖挑出来，放入新配制的培养基上。

案例3

愈伤组织过多，出苗慢。

由于品种间特性存在差异和采用的培养基配方的不同，在做茎尖分化生长成苗的过程中，会产生偏多的愈伤组织，愈伤组织是一团无序生长的薄壁细胞，过多出苗会变慢。造成该现象的原因，一是不同品种的薯块自身处于不同时期内源激素变化的问题；二是培养基配方内细胞分裂素与生长素的用量不当所致。

调整措施：切除四周过多的愈伤组织，留下靠近生长点的部分愈伤组织，并将带生长点的愈伤组织移入细胞生长素略高于细胞分裂素的培养基上。

第二节　马铃薯原原种繁育技术

原原种生产是马铃薯脱毒种薯生产体系的关键环节，其质量的高低和数量的多少直接影响以后各级种薯的生产与应用，并且这种影响是呈数量级增长。马铃薯原原种生产通常采用无土栽培生产方式，根据国际无土栽培学会的定义，凡是不用天然土壤，而用营养液或固体基质加营养液栽培作物的方法统称为无土栽培。无土栽培是通过人工创造的根系生长环境来取代土壤环境，它能够解决作物生长过程中对水分、养分及空气等条件的需求，促进作物在良好的环境条件下更好地生长。我国许多研究单位及企业普遍采用无土栽培法生产脱毒原原种，主要有基质培和雾培两种方式。马铃薯快繁生产脱毒种薯均在设施条件下进行。

一、基质培马铃薯原原种生产技术

（一）生产环境要求

进行原原种（G_1）种薯生产的温室或网室，应建设在气候冷凉、天然隔离条件好的区域；远离马铃薯大田，周围无污染源，没有茄科、十字花科、蔷薇科等植物或易引诱蚜虫的黄花作物；所处地势有利于灌溉和排水。

（二）生产基础设施要求

温室、网室要具有控温、控湿、通风、良好的光照条件，有防雨和防虫设施。温室、网室内地表及四周2m内建成水泥地面，温室、网室的门窗和通风口要装孔径0.247mm（60目）的防虫网纱。温室和网室进门处修建一个缓冲间，应随时消毒灭菌。缓冲间应设置消毒设施，可用生石灰或其他消毒剂消毒。温室、网室内的土壤每1～2年更换1次，以清除残留在土壤中的病原体。

（三）消毒要求

温室及其内部设施应定期消毒。可用硫黄熏蒸、50%多菌灵可湿性粉剂800倍液喷洒或0.1%高锰酸钾消毒。防虫网室可用50%多菌灵可湿性粉剂800倍液喷洒。生产用的工具（剪刀、刀片、培养皿等）高温灭菌或用0.5%高锰酸钾溶液浸泡。工作人员应穿洁净的工作服，用肥皂洗手，工作场所禁止吸烟。

（四）基质培马铃薯原原种的生产过程

马铃薯原原种生产模式，因各地的地理和气候条件不同而有所不同，但基本的生产程序是一样的。

1. 设施设备检修

保证棚架完好无损。棚膜、网纱无破损、无缺口。保证网棚附近有充足的水源，且棚内有整套灌溉设施可以正常使用，保证喷水均匀一致。如喷头、阀门和管道有跑冒滴漏情况时必须更换相应配件。

2. 生产苗床的准备

（1）土壤处理。移栽前对温室进行高温闷棚和熏蒸消毒。关闭温室所有通风设施，温室内持续保持高温6～7d后通风，然后晚上关闭温室所有通风设施，点燃菌虫双杀熏蒸剂后人员撤离，翌日晚再进行1次。菌虫双杀熏蒸剂放置密度为120～180支/hm^2。

（2）基质铺设。将畦面整理平整，土壤表面喷洒杀菌剂、杀虫剂后铺黑色塑料布，塑料布喷施杀菌剂，最后铺设蛭石。

①黑色塑料布铺设：每畦铺设宽度为2.7m的黑色塑料布（塑料布厚度0.08mm或8S），充分包裹砌块，保证铺设整齐一致。

②蛭石铺设：每亩标准棚铺新蛭石560袋（袋子规格：58cm×95cm）；非标准棚2袋/m^2，预留80袋。铺设时须在蛭石中拌入基肥［亩用水溶性复合肥（N-P-K：15-15-15）12kg+磷酸二铵10kg+硝酸铵钙8kg］，保证蛭石厚度均匀，为3～4cm（浇水后）。如结薯期和薯块膨大期有块茎外露情况局部进行

培蛭石，防止块茎暴露变绿。

③铺设蛭石后：用砖将大棚内土地砌成1.3m宽、大棚长度的畦块。均匀撒施基肥，保证与蛭石搅拌均匀后浇透水待用，保证持水量85%左右（手指压后有渗水）。

3. 移栽

（1）炼苗。将培养容器从培养室移到温室自然光、温条件下，揭启封口炼苗。温室地表洒水湿润，温度18～25℃。在中午强光照下要用遮阳网遮阴，炼苗时间7d左右，让试管苗变绿、变壮。

（2）基质浇水。移栽前2d，打开灌水系统均匀浇灌消毒处理后的蛭石，水从苗床下面流出即停止浇灌。隔半天后再进行浇灌，反复3次，直到蛭石中水分饱和即可移栽。春季移栽时，如水的温度较低可放置1～2d后再进行移栽。

（3）试管苗定植。将经炼苗的脱毒试管苗用镊子从瓶内轻轻夹出，用清水洗净培养基，将脱毒苗须根剪去，放入萘乙酸（NAA）100mg/L生根液+适量中生菌素的混合液中，浸苗基部10～15min后移栽到畦块基质中。定植前一天浇透水，蛭石上喷洒杀菌剂，根据规定（株行距为10cm×10cm，平均每平方米约100株）行距开沟后，按株距摆苗，使苗上部裸露3个叶片，根茎部可横卧，保证上齐下不齐，摆完后用手将沟填平后压严实（可见手印）。栽后及时浇薄水，使水培苗与蛭石结合紧密，定植后用遮阳网遮10～15d，具体需根据生根情况逐步去掉遮阳网。

4. 生长期管理

（1）湿度管理。试管苗移栽后，前期由于脱毒苗对水分需求较大，晴天早晚可浇水各1次，阴天根据土壤温度、水分情况3～4d浇水1次，或根据基质湿度情况浇水，保证基质不过干或过湿，以幼苗不出现缺水症状为宜。通过定时雾化处理，保持空气相对湿度达到95%～100%。浇水时喷洒要均匀，防止损伤幼苗。

缓苗后，幼苗长出新根，苗高在20cm以下，保持基质湿度60%～70%，空气相对湿度达到80%。

（2）温度管理。定植后1周棚内生根地温控制在15～25℃，当棚内温度达30℃以上时，茎秆变细，叶面积缩小，种薯停止生长。所以当温度过高（达

30℃以上）时，可通风透气、搭遮阳网、喷雾水等措施降温。后期温度控制在20～25℃。

（3）施肥管理。定植4d后可滴灌少量生根或者保护性药剂，促进生根。30d后，可用0.2%磷酸二氢钾溶液+0.1%尿素溶液或者0.2%高钾水溶肥滴灌至苗根部，同时根据脱毒苗营养生长情况，每5～7d滴灌1次。对于生长较差的植株，可加大营养液的施用量和施用次数；严格控制徒长，保持株高不超过30cm，可用0.2%多效唑喷施，以防徒长。在脱毒苗整个生长期采取温、光、水、肥控制，前促后控，促控结合，前期促苗，中后期控上促下，促多结薯。

（4）及时培土。在苗高8～10cm时，用蛭石压苗。在苗的根部将苗向一个方向压倒，然后培上蛭石，厚度2～3cm，让苗尖部两片叶露出蛭石，压苗后及时浇水。20d后，待苗再长高后，第二次培土2～3cm，顺着行距拨开苗，撒上蛭石，两次培土可以增加马铃薯匍匐茎的数量和结薯层数，提高产量。

（5）病虫害防治。网室内应严格防治病虫害，揭膜后开始喷药防治。若具备发病条件，可每隔7～10d喷1次，防治药剂要交替使用。

例如，防早晚疫病：80%代森锰锌可湿性粉剂30g/亩喷雾；防蚜虫类：70%吡虫啉5g/亩或10%氟啶虫酰胺水分散粒剂35g/亩；防黑痣病和虫害：240g/L噻呋酰胺悬浮剂20mL/亩+10%高效氯氰菊酯15mL/亩；防细菌病害：50%氯溴异氰尿酸水溶性粉剂25g/亩，或20%春雷霉素水剂50mL/亩；灌床：霜霉威120mL/亩+辛硫磷200mL/亩，灌床结合浇清水进行；广谱杀菌：25%嘧菌酯悬浮剂20mL/亩，或75%百菌清可湿性粉剂75g/亩，或70%甲基硫菌灵60g/亩。

大棚周围有多年生杂草，可用41%草甘膦300mL/亩喷雾，整个生产周期用两次。需要注意如下几点。

第一，在繁育马铃薯原原种过程中，若发现网室有破损处要及时修补。当发现病株时连同薯块及时拔除，带出网室外销毁，同时要对整个大棚的脱毒苗立即喷药，尤其是中心病株的周围。

第二，用药时间、用药顺序、用量、品种等，可根据病虫发生情况和气候条件灵活调整。打药在追肥的翌日进行。灌药结合浇清水进行。每次打药，加水量必须40kg/棚以上。高温天打药必须在16：00后。

第三，防蚜虫药，必须在收获前7d打最后一次。如到90d时不能收获，仍按每7d打药一次。

第四，晚疫病防治压力大时，可增加打药次数及用药种类。

第五，所有农药和叶面肥进行二次稀释，用前需摇匀。

5. 收获

（1）时间。当90%的薯块长至2.0g以上即可收获。定植后早熟品种70d左右收获，中晚熟品种90d左右收获。收获前15～20d停水、停肥，在预防霜冻的前提下大通风，让植株自然落黄，收获后按仓储入库程序进行入库，收获前12～15d停止浇水。

（2）分装。对收获后的薯块风干晾晒，待薯皮老化后按品种、大小筛选分级，精拣装入消毒处理好的尼龙网袋中，内外挂标签。

6. 贮藏

（1）预贮。在通风干燥的库房内预贮15～20d后再入库贮藏。贮藏前严格淘汰病、烂、伤、杂及畸形薯。

（2）库房消毒。贮藏前用甲醛熏蒸、撒生石灰、高锰酸钾+40%福尔马林熏蒸等方式对库房进行消毒。

（3）贮藏。入库装袋的种薯不宜超过网袋体积的2/3，入库后按品种、级别摆放，置于常温或低温（温度5～8℃、相对湿度80%～90%）条件下避光贮藏，定期通风，保持库房内的清洁卫生。贮藏期间翻拣1～2次烂薯，并设置专人保管。

（4）库房检查。出入库期间要经常检查，严格剔除病、烂、伤薯。

7. 质量检测

具体检测方法见第六章乌兰察布马铃薯种薯质量控制。

二、雾培马铃薯原原种生产技术

气雾栽培法（简称雾培）是在可控环境中的一种无土栽培方法，是一种基于工程技术、生物技术、计算机控制技术基础上的全新栽培模式。马铃薯雾培是将马铃薯根悬挂在一个密闭的栽培装置（槽、箱或床）中，而根系裸露在栽培装置内部，将马铃薯在生长发育过程当中所需要的营养物质配成溶液，营养液定时通过喷雾装置雾化后直接喷射到根系表面，并且营养液可循环利用的栽培技术。

在20世纪20年代，雾培被植物学家用作研究植物根系结构与生理的一种工具，1996年，韩国率先利用雾培技术生产马铃薯并取得成功。目前，雾培在韩国广泛应用于马铃薯种薯的生产。同时该技术已成功在南美洲推广和使用，并尝试推广到非洲国家。我国马铃薯雾培原原种生产技术主要是由黑龙江省自1997年陆续从韩国引进的。前期投入大和技术瓶颈成为大面积推广雾培生产商业马铃薯原原种的主要限制性因素。相比基质栽培，气雾法栽培的马铃薯植株具有较长的生长期和较强的植株生长势。它适时适量地定时喷雾营养液，使植物根系在黑暗和无基质条件下获得水分和养分，促进植株生长，提高繁殖效率，并可根据所需种薯规格，随时采收符合标准的薯块。另外，气雾栽培作为无土栽培的一种模式，不受土壤、气候的限制，可以人为调节和控制马铃薯生长发育过程中的各种条件，缩短生产周期，提高收益，且利用雾培法节水率和节肥率分别可以达到90%和60%。雾化栽培下植株能更快打开气孔，促进蒸腾速率，加快水分运输，增强光合速率，增加产量。研究发现与固体培养基相比，雾培法在苗的繁殖效率和微型薯的诱导方面有明显的优势，并且采用两步法提高了雾化反应器诱导微型薯的效果。

雾培技术的应用，将植物从土壤和水中解脱出来，从根本上解决了植物根系从营养液中吸收营养与氧气供应的矛盾，但也存在一些问题。雾培马铃薯原原种生产中，将脱毒苗移栽至网室雾培箱体的过程称为定植，而被移栽的脱毒苗统称为定植苗。定植苗的类型主要为全株苗和茎段扦插苗（顶端扦插苗与不同茎段扦插苗等）。全株苗定植时，原根系被保留，虽植株能迅速适应新环境，但定植过程中根系易受损，需专用皮管包裹，操作烦琐、效率低；茎段扦插苗定植时，无根系影响，操作简单、效率高，但在前期植株生长易受到限制。实际生产中，不同定植苗间的农艺性状与产量间的差异如何并不清楚。虽然从多方面来综合评价，雾培是目前马铃薯原原种生产的最好栽培方式，但该技术体系对气候环境很敏感，不同地方与不同气候环境下的最佳生产季不同，不同品种所需最优营养液浓度不同，不同品种对雾培系统的应答也不同。据目前生产条件和水平，马铃薯雾培原原种生产场地多为半自动网室，不能完全控制室内环境，因此受外界环境影响较大。

雾培马铃薯原原种生产技术一般包含温室马铃薯水培苗生产标准化技术及马铃薯雾培生产技术两部分内容。

（一）温室马铃薯水培苗生产标准化技术

马铃薯脱毒苗水培繁育技术是雾培前脱毒苗的假植，主要利用马铃薯植株的再生作用及极性生长原理，将试管苗切段扦插于营养液中，培养成根、茎、叶齐全的健康植株。利用水培苗既可直接进入雾培生产脱毒马铃薯原原种，也可多次剪尖扦插进行传统基质栽培生产脱毒马铃薯原原种，减少壮苗缓冲环节，降低生产成本。其核心是将脱毒苗植株固定于水培定植板上，并使植株底部接触到营养液，让营养液代替土壤，为植株生长提供水分、养分、氧气以及各种生长因子。

1. 前期准备

（1）水培床。水培床为长3m、宽1m、高0.8m，贮水箱高13cm，贮水箱水体表面安置厚度3cm，孔径为1.2cm，孔距2.5cm × 2.5cm的塑料泡沫栽植板。用800倍高锰酸钾稀释液或巴氏消毒液进行浸泡消毒，并用清水清洗2 ~ 3次，晾干备用。

如果水温太低，可在每个苗床中部平行安装1 ~ 2个加热棒（加热棒位于水面以下，直径3cm，长40cm，功率500W，24h加热）。

（2）脱毒苗处理。选择生长健壮、长度在5cm左右、整齐一致的嫩苗。必须是没有污染且经过病毒检测的脱毒瓶苗。

①炼苗：在水培的前1d，将挑选好的脱毒瓶苗早晚打开瓶盖进行炼苗，在此期间叶片可以喷水来保持湿度，防止水培苗萎蔫。炼苗最好是在阴雨天气，湿度较大。

②脱毒苗处理：水培通常采用全剪根进行，而冬季温度低、生根慢，则采用全剪根和半剪根进行水培。

全剪根：把脱毒苗连同培养基从锥形瓶中掏出来，从培养基边缘开始剪，剪掉水培苗所有根系，主要是老根，剪下来的假植苗根部在100mg/L的NAA溶液中浸泡15min。

半剪根：主要是剪掉水培苗根部发达的长根或须根系，将水培苗根部在清水中清洗，洗净根部的培养基，以防止感染。

不剪根：将脱毒苗从锥形瓶中掏出，用手指滤净培养基，在清水中反复清洗，直到洗净根部所有的培养基，直接水培。

注意剪苗所用的剪子要用75%的酒精消毒。

2. 水培

（1）营养液配制。在扦插后的第二天添加生根营养液，有70%的苗生根后添加生长营养液，生长营养液根据气温每隔5～7d添加1次。

营养液的配方含有氮、磷、钾等大量元素，以及微量元素和铁盐，主要是以MS培养基为基础改良的雾培营养液。

（2）定植。把镊子用75%的酒精消毒晾干，将经过处理的脱毒苗用镊子夹住幼苗底部，插入水培板栽培孔中，按株距为2.5cm×2.5cm、密度1 600株/m^2进行扦插，使脱毒苗底部充分接触到水培营养液。水培板栽培孔下部的叶片要全部剪掉，以防止腐烂引发病害，水培苗生长至15cm（5叶1心）左右，开始拔苗移栽。用手拔苗时，一根一根地拔，随后将水培苗头部朝上顺序放入塑料盒里待外运。注意，拔苗时，一是手里的苗不能握得太紧；二是握的时间不能太长；三是每个塑料盒里的苗不能放得太多，防止水培苗受热灼伤。苗拔完后，清洗营养盘，将泡沫板集中搬出温室外处理。

3. 温湿度管理

待整床脱毒苗定植完成后进行叶面喷水，在水培床上搭拱棚，用塑料薄膜全覆盖，放置或悬挂温湿度计，并标注水培的时间和脱毒苗品种，水培正式开始。

（1）苗期管理。设置好水培室空调的温度，定植后3～5d注意遮阴、避光，防止太阳直射。每天间隔2h记录水培室和水培床的温湿度、营养液温度，观察水培苗的长势、叶色是否正常、有无萎蔫、病斑、水培苗根系是否正常（一般正常的马铃薯根系饱满，颜色纯白），及时剔除死苗以及干叶、烂叶，防止水培苗坏死，污染营养液。

（2）温湿度管理。水培苗的生长可分为生根阶段和茎叶生长阶段。

①生根阶段（关键期）：水培苗在前期生根阶段对温湿度的要求较严格，温度应为20～25℃，25℃左右是最适宜脱毒苗生根的温度。当温度低于18℃时，水培苗长须根，茎干紫色，30d就会老化，2～3d才长3～4cm带根水培的脱毒苗，温度应大于25℃少遮阴；当温度高于28℃时，就会出现烧苗现象；温度高于30℃时，水培苗停止生长，甚至死亡。湿度应控制在70%～80%，在温湿度适宜的情况下，水培苗在7d左右基本生根，早晚半揭膜透风换气到全部揭膜（瞬间揭膜会使水培苗迅速失水萎蔫）。在前期生根阶段水培室的湿度不够时，可以用加湿器进行加湿，或是地面洒水，增加水培室的湿度。

②茎叶生长阶段：水培苗在生根后揭膜进入茎叶生长阶段，此阶段少遮阴，多光照，温度在25～28℃，湿度40%～50%。

（3）营养液管理。营养液的温度应为17～20℃，水培应错开当地高温月份（7—8月），防止绿藻滋生，营养液10～15d更换1次，避免病毒传染。

（4）病虫害管理。水培苗在生长阶段要注意病虫害防治，一旦发现病株，应立即剔除并采取病害防治措施。主要预防真菌性病害早疫病、晚疫病，细菌性病害青枯病。晚疫病通常可采用28%甲霜灵可湿性粉剂1 000～1 500倍液或是75%百菌清可湿性粉剂500倍液进行喷施，早疫病用75%百菌清杀菌剂600～800倍液或是70%的代森锰锌交替防治，以免产生耐药性。青枯病为细菌性病害，在高温高湿的环境下容易发生，发病初期水培苗底部叶片白天萎蔫，夜晚恢复，反复3～4d以后将不再恢复，可采用72%农用硫酸链霉素可溶性粉剂4 000倍液或是50%的消菌灵700倍液进行防治。

马铃薯病虫害的防治以预防为主。为了严格控制和防止病虫害传播，水培室周围应远离病虫害污染源，2m以内最好不要有杂草，防止出现漏洞，避免外面的病虫害随人员进入。工作人员出入及时关门，无关人员一律不得入内，时刻保持水培室的干净，在水培床拱棚上挂黄板，实时观察黄板上是否有虫子，如若发现虫子要及时防治，可用吡虫啉、啶虫脒等进行防治，黄板要根据情况10d左右换1次。

（二）马铃薯雾培主要生产技术

目前，马铃薯雾培的主要环节有设备安装、定植、生长期营养液管理和马铃薯采收及贮藏等。

1. 雾培设备安装

雾化栽培设施由培养槽、水泵、雾化装置、输液管道、控时单元和贮液箱等组成（图5-2）。培养槽材质应具有良好的保温性，一般长×宽×深为350cm×60cm×24cm（也可根据温室空间变动），槽上盖板开有定植孔，槽底安装双向折射雾化喷头，输液管道选用ABS耐酸碱塑材，控时单元为可编程控制器（利用编程器将程序输入），根据脱毒苗不同生长阶段，可在3min至2h范围内，接通喷雾30～60s，其余时间断开，营养液昼夜循环，贮液箱为半地下式，利于营养液回流和循环。

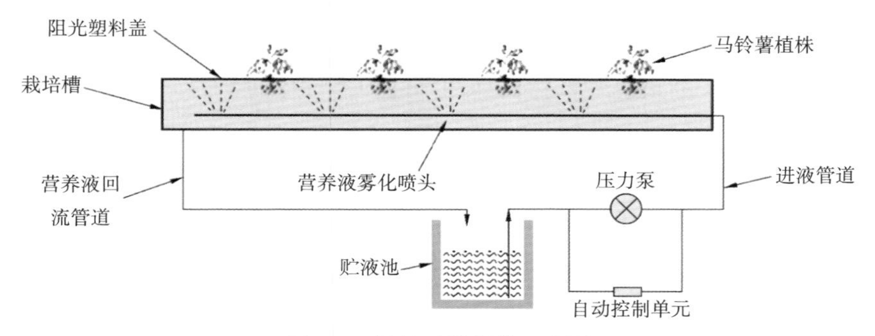

图5-2　雾培系统设施示意图

2. 雾培定植技术

定植前，将马铃薯脱毒试管苗剪成带1～2个叶茎段，接种到装有MS培养基（pH值为5.8）的培养瓶中，每瓶15个茎段。培养室温度23℃，光照强度3 600lx，光照时间14h/d，培养25d左右。经组织培养后的脱毒苗，剪掉根部，流水冲掉残留在植株上的培养基，置于100mg/L的萘乙酸（NAA）溶液（pH值5.5～5.8）中浸泡15min，移栽至玻璃房内的泡沫板（孔间距2.5cm，孔直径0.5cm）上，进行水培培养，密度为1 600株/m^2。玻璃房温度控制在19～25℃，相对湿度控制在50%～63%，培养20～30d后，即为所需脱毒水培苗。一般选取长势一致的水培苗。定植前，在培养槽的盖板上先盖上黑色塑料膜，然后按要求的行株距事先在盖板上开好定植孔（直径1.5cm）。早熟品种的脱毒苗行株距为15cm×10cm，中晚熟品种的脱毒苗为20cm×15cm。将准备好的脱毒水培苗栽于盖板的定植孔内，用充分吸水的海绵将苗固定。槽内覆盖黑色膜保持黑暗，营造适合匍匐茎生长和顶端膨大成薯的环境。对于顶端扦插定植而言，将剪取的顶端茎段的底部浸泡于100mg/L NAA溶液中15min，之后移栽于雾培箱的定植板上，对于全株苗定植而言，直接将水培苗定植于雾培箱体的定植板上。

3. 生长期管理

（1）营养液管理。营养液（雾培营养液配方参见附录4）在循环利用过程中，隔天用电导率仪检测，使营养液的电导率（EC）值的范围保持在2 800～3 400μS/cm。同时利用酸度计检测营养液的pH值，使其达到最佳范围pH值5.5～6.0。如pH值过高，可用1mol/L硝酸溶液调节，大规模生产可用浓硝酸调节。

（2）喷雾时间。栽苗7～10d内为发出新根阶段，此时根系吸水能力很弱，为防止脱毒苗失水萎蔫，应缩短停喷时间，即喷30s，停3min；植株根系发达后，大量的根系持水能力较强，可逐渐延长停喷时间，高温和晴朗天气，5～30min时段内喷雾30～40s，其余时间停喷。夜间和阴雨天6min至1h时段内喷雾20s，其余时间停喷。

（3）温湿度管理。整个生长过程，空气相对湿度控制在55%～65%。定植时，苗期温度控制在10～15℃；茎叶生长期至现蕾期温度控制在20～28℃；开花期匍匐茎开始生长，温度控制在18～22℃；喷雾时水温控制在10～20℃。脱毒苗定植后20d左右，开始产生匍匐茎，为促使多发匍匐茎，多结薯，此时需将槽盖上面的3～5个茎节的叶片摘除，并下移至栽培槽内。

（4）病虫害控制。具体方法参照第五章第四部分基质培原原种生产过程病虫害防治。

（5）收获及贮藏管理。及早摘除第一粒膨大的原原种，促使养分均匀分配到多个膨大的小块茎上。雾培马铃薯采收要分次进行，每7d采收1次，重量为4～5g的种薯便符合采收标准。采收时动作要轻，不要拉断匍匐茎，影响下次采收。此方法采收的原原种大小基本一致，商品性好，最高产量可达50粒/株以上。新收获的原原种应在散射光下摊晾，至薯皮干燥、木栓化后分装。分装时应注意将缺陷薯及植株残根、败叶等杂质剔除。将摊晾后的原原种按大小规格分别装入尼龙袋、布袋及其他透气容器中。单薯重按级别分装，内外分别拴挂或加贴标签。标明品种名称、规格、粒数、收获日期等。

雾培法生产的原原种含水量比较高，入库后应逐渐降低温度至2～4℃，保持相对湿度在80%～85%，并定期检查，防止其皱缩或腐烂。

（6）注意事项。由于不同管理方式对马铃薯成活率、叶面积指数以及匍匐茎数量等有一定影响，因此在马铃薯雾培研究中要特别注意对株型、匍匐茎等进行一定针对性处理。

栽前对温室及雾化设施清理和灭菌是防止马铃薯出现烂薯的重要措施。

扦插苗结薯个数和粒重明显优于原始苗，另外扦插苗长度也是影响产量的直接因素，建议在生产上用20cm长的无根扦插苗效果最好。

扦插苗在生根前应该用清水喷苗，一旦生根，应及时喷营养液，否则扦插苗叶片发黄表现缺素症。

及时摘除腋芽有利于增加匍匐茎数量，从而提高单株结薯个数，提高产量。分次采收达到标准的小薯，可以不同程度的提高各处理小薯产量，可以充分发挥脱毒原原种增产潜力。

通过去叶和植株下放能显著增加雾化栽培马铃薯植株高度，但会极显著降低植株的茎粗、根系体积、分枝数、单株匍匐茎数和单株合格薯块数。对雾培植株下放的目的在于通过物理手段控制植株长势，调节马铃薯地上部和地下部比例，优化地上部、地下部生长，以实现高产。

第三节　马铃薯原种和大田用种繁育技术

一、播前准备

（一）选地

1. 气候条件

高纬度、高海拔、冷凉的空旷地区，风速大，能够阻止蚜虫的降落聚集，气候冷凉，不利于蚜虫繁殖、迁飞和传毒，却极适合马铃薯生长和块茎膨大。所以，应选择高纬度、高海拔的气候冷凉地区。

2. 隔离条件

（1）种薯田周围不得有高大障碍物，以利通风，减少传毒蚜虫降落的密度。

（2）在种薯生产基地的较大范围内，至少方圆5km内没有马铃薯生产田，及其他茄科植物和开黄花作物，如油菜、向日葵等。因为许多茄科植物的病毒如烟草花叶病毒、番茄黑环病毒等都可以感染马铃薯；开黄花的植物易引诱蚜虫传播病毒。拥有适当的隔离条件，即使带有PVY或PVA等非持久性病毒的蚜虫迁飞到马铃薯种薯基地时，其喙针上的病毒已失活而无传毒力。

（3）选择3年以上未种过马铃薯，前茬作物有利于抑制马铃薯病害、线虫、杂草等的土地。了解前茬作物除草剂的使用情况，避免除草剂残留。

3. 地块条件

土层深厚，土壤疏松，质地沙壤或壤土。地块相对平整，地力一致，有机质含量1.2%以上，pH值最好在5.4～7.8，具有灌溉和排水能力的地块。种植地坡度较大时，推荐使用压力补偿式滴灌管，并邀请专业人士设计田间滴灌网。

4. 土壤条件

首先确定土壤性质（沙土、壤土、黏土等），然后按地块，不同地力类型，不同层次分别取样，样品应具有代表性。取土深度0～30cm，每500亩至少取12个点，混合后取样，土样重量0.5kg以上。利用土钻取土，取样方法包括蛇形法、对角线法或棋盘法几种类型（图5-3）。

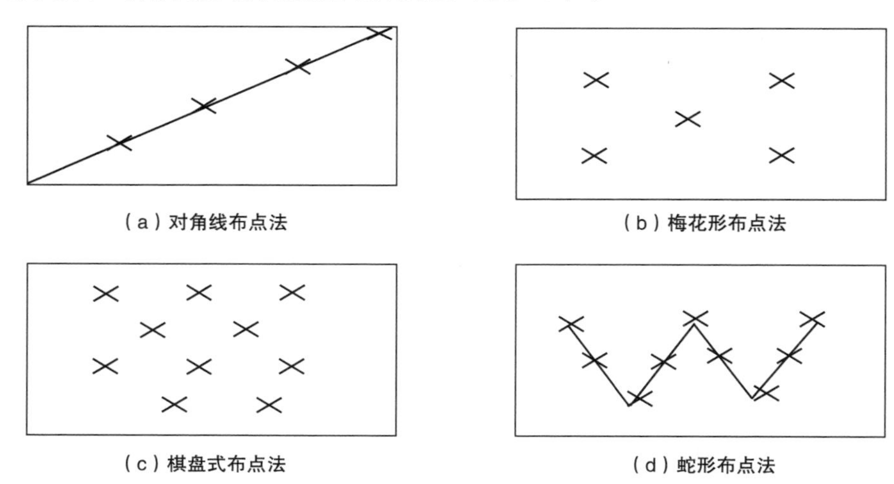

图5-3　土钻取样法示意图

检测土壤营养元素含量，如全N、碱解N、有效P_2O_5、速效K_2O，有机质、pH值、Ca、S、Mg、Zn、B、Fe、Cu、Mn等。测定是否有马铃薯土传病害等，如马铃薯疮痂病、黑痣病、线虫、枯萎病、黄萎病等。

5. 水源条件

分析水中杂质，包括泥沙、是否有浮游生物等，以选择合适的过滤系统，乌兰察布地区大多使用井水灌溉，可选择离心式过滤器。开放水源灌溉可使用自动反冲洗介质过滤器。了解作物需水量，勘察种植基地水源位置，年度水源流量、田间道路等；校核已有水源是否满足作物需水要求，依据种植面积，可选择建设蓄水库，以保证田间供水。

（二）滴灌网络设计

1. 滴灌网络设计

设计需保证管网安全、经济。保证水压在管网承压范围内，水压太高，会造成爆管，水压过低，滴灌管末端出水量小。大面积种植时，滴灌主管最好沿道路铺设，阀门应集中设置，利于机械田间作业，减少田间作业量。选择好的滴灌设备，以减少后期维护成本，提高水肥利用率。

2. 注意事项

防止滴灌产品堵塞的关键设备主要包括，一是过滤器顶部未有效密封，灌溉水直接从顶端进入到灌溉系统中；二是过滤器芯破损，灌溉水直接进入到滴灌系统中；三是过滤器芯支撑破损，不能有效支撑外层滤网，灌溉水直接进入到灌溉系统中。

（三）黄皿监测蚜虫

1. 黄皿的规格

黄皿为长方形，多用金属片制成。一般长50cm，宽32cm，高8cm，底部2cm涂黄色，上部和外部都涂成深灰色（图5-4）。

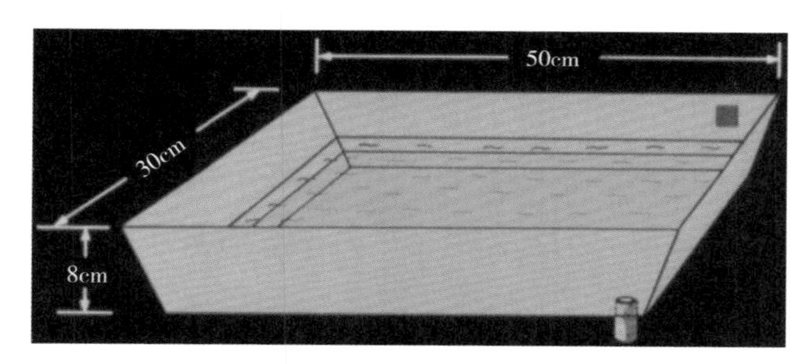

图5-4　黄皿规格

黄皿底有一小洞，直径2cm，用以排出过多的水，平常用橡皮塞塞住。下雨过多时，可由洞中排出，为避免蚜虫随水从洞口流出，洞口下系一个小布袋，下面接一个桶，水排在桶中，蚜虫留在布袋中（图5-5）。

图5-5　黄皿底部的洞口

2. 黄皿的安置

黄皿距离地面60cm，两个黄皿之间相距6m。安置黄皿时，避免黄皿与其周围的植株接触，以免无翅蚜爬入皿内。也可把黄皿安置在田边，这样可以不进入田间调查蚜虫，减少对植株的接触与摩擦。

3. 蚜虫调查

自有翅蚜发生日起，每隔2～3d调查一次，用毛笔将蚜虫挑出，并记录蚜虫头数。将调查数据做成整个生长季马铃薯蚜虫消长曲线图。一般连续调查3年，得到的数据有更准确的参考价值。发现有翅蚜，应加强防治措施。

（四）制定生产方案

1. 田间种植管理进程安排

安排各项管理措施的实施日程，乌兰察布地区4月25日左右开始播种，9月10日左右开始收获。

2. 施肥方案制定

制定施肥方案需遵循养分归还学说、最小养分限制定律、报酬递减定律。但具体施肥水平的确定取决于土壤营养元素含量及pH值（图5-6）、马铃薯品种、种植密度、生育期、水分、光照、积温及气候条件、目标产量、栽培技术水平、营养元素之间的互作效应等。

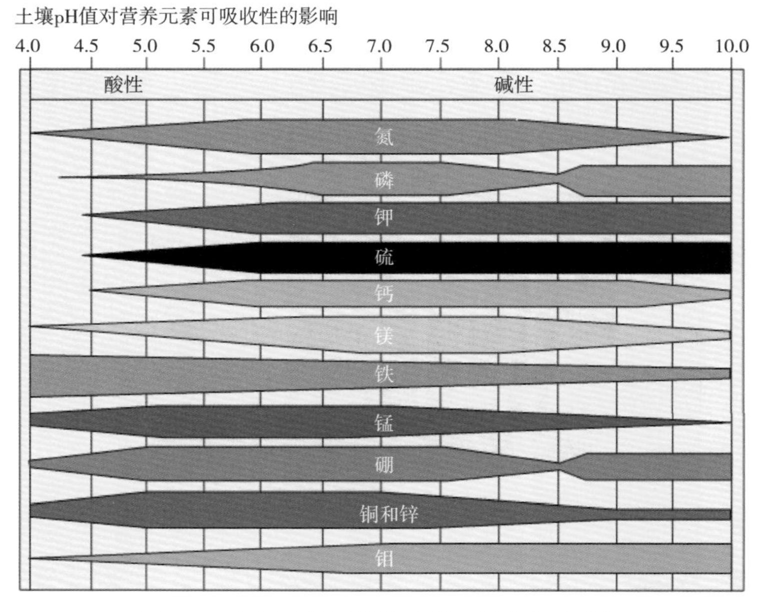

图5-6　土壤pH值对营养元素可吸收性的影响

土壤养分变化途径主要有养分增加和养分丧失。养分增加主要通过秸秆还田、雨水带入、灌溉水带入、施肥。养分丧失主要通过植物吸收、淋溶、土壤吸附、挥发。因此，需通过施肥达到土壤养分平衡。

每产1t马铃薯所需营养元素，如N 4.74kg、P 0.83kg、K 8.36kg、Ca 0.64kg、Mg 0.36kg、S 0.48kg、Na 0.125kg、Zn 0.005 2kg、Cu 0.002 2kg、Mn 0.0021kg、Fe 0.004 2kg、B 0.000 6kg。

3. 施肥量的确定

施肥量=（目标产量×单位产量的养分吸收量-土壤养分供应量）/（肥料养分含量×肥料利用率）

实际施肥量可参考表5-1、表5-2。

表5-1　一般条件下施肥量推荐

肥料	施肥量（kg/亩）				
碱解氮含量（mg/kg）	<60	60～80	80～110	110～125	>125
高水平施肥量	18	15	13	10	7
中水平施肥量	15	13	10	7	5
低水平施肥量	13	10	7	5	3
有效P_2O_5（mg/kg）	<5	5～10	10～20	20～25	>25
高水平施肥量	25	19	14	10	6
中水平施肥量	19	14	10	6	3
低水平施肥量	14	10	6	3	0
速效K_2O（mg/kg）	<50	50～70	70～110	110～130	>130
高水平施肥量	22	19	16	13	10
中水平施肥量	19	16	13	10	7
低水平施肥量	16	13	10	7	4

表5-2　肥料用量情况

名称	含量	用量（kg/亩）	备注
过磷酸钙	12%	50	pH值大于8的地块使用
硫酸钾型复合肥	N：P_2O_5：K_2O=12：19：16	100	每吨加硫酸镁100kg

（续表）

名称	含量	用量（kg/亩）	备注
硫酸钾型氮钾肥	N：K_2O=20：24	40	
尿素	46%	8	
硝酸钙镁	Ca+Mg≥15.0%N≥13.0%（硼、铁、锌≥0.3%）	10	
硝酸钾	N：K_2O=13.5：44.5	15	
微肥	康朴多元叶面肥	0.03	
磷钾动力	99%	0.3	
硫酸锌	98%	1	
海绿素	叶面肥	0.06	
益施帮	叶面肥	0.05	

4. 施药方案

初步确立用药种类、时间、数量、使用方法和喷药次数等（参照表5-3）。

表5-3　常用药剂一览

时期	防治对象	药剂种类（商品名）	含量及剂型	用法	用量（g或mL/亩次）
切种	种薯处理	甲基托布津	70%甲基硫菌灵可湿性粉剂	拌种	110
		+滑石粉		拌种	1 750
		或阿马士	22.4%氟唑菌苯胺悬浮剂	加水湿拌种薯	30
播种前	地下害虫	高巧	600g/L吡虫啉悬浮种衣剂	土壤播种沟喷药	50
	黑痣病	阿米西达	25%嘧菌酯悬浮剂	土壤播种沟喷药	60
出苗前	杂草	田普	45%二甲戊灵微胶囊剂	土壤苗前	180～200

（续表）

时期	防治对象	药剂种类（商品名）	含量及剂型	用法	用量（g或mL/亩次）
出苗后	杂草	高效盖草能	108g/L高效氟吡甲禾灵乳油	叶喷	50
		宝成	25%玉嘧磺隆干悬剂	叶喷	5
生长期	茎腐病	细刹	3%噻霉酮速溶可湿性粉剂	茎叶喷药或拌种	50
		可杀得3000	86.2%氢氧化铜	茎叶喷药	100
		乾运	30%噻唑锌悬浮剂	茎叶喷药	50
	早、晚疫病	克露	72%霜脲锰锌可湿性粉剂	叶喷	120
		阿米妙收	20%嘧菌酯·12.5%苯醚甲环唑悬浮剂	叶喷	40
		大生	80%代森锰锌可湿性粉剂	叶喷	120
		百泰	5%吡唑醚菌酯·55%代森联水分散粒剂	叶喷	60
		赞米尔	133g/L戊唑醇·267g/L咪鲜胺水乳剂	叶喷	40
		福帅得	50%氟啶胺悬浮剂	叶喷	40
		银法利	6.25%氟吡菌胺·22.5%霜霉威盐酸盐悬浮剂	叶喷	120
		瑞凡	23.45%双炔酰菌胺悬浮剂	叶喷	40
		科佳	100g/L氰霜唑悬浮剂	叶喷	70
	蚜虫、芫菁、草地螟	特福力	22%氟啶虫胺腈悬浮剂	叶喷	10
		隆施	10%福啶虫酰胺颗粒剂	叶喷	20
		功夫	2.5%高效氯氟氰菊酯乳油	叶喷	30
		高效氯氰菊酯	4.5%高效氯氰菊酯的水乳剂	叶喷	50
		吡虫啉	70%吡虫啉可湿性粉剂	叶喷	5
		阿克泰	25%噻虫嗪水分散粒剂	叶喷	6

5. 生产预算

依据设备状况、作业能力、适宜面积、确定生产规模和生产预算。一般1 000亩以内配置一套农机具（2台拖拉机、反转犁、组合耙或旋耕机、撒肥机、播种机、中耕机、打药机、杀秧机、收获机、种薯运输工具）。

（五）耕地

耕地分秋翻和春翻两种，可结合翻地施入有机肥。乌兰察布地区一般选用秋耕地，耕层浅或沙质土壤易春耕，耕深以30～35cm为宜，耕作深度保持一致，前后犁深度相同。必要时可深松40～45cm，使土层深而疏松，根系可达到70cm，精细整地是增产的基础，避免漏耕、硬块，同步采取保墒措施。不平整地块要先平地，植物残茬用圆盘耙切碎后再翻地，达到土地平整。

翻地过程中要避免人为因素造成土壤板结。板结程度取决于设备大小与重量、土壤水分状况和土壤类型；板结主要与轮胎压力和耕作措施有关；板结可能是这些土壤中限制马铃薯产量与质量最不为人所认识的因素之一。防治板结的方法如下。

第一，减少田间碾压次数，消除不必要的田间作业，在可行情况下在整个轮作期间少耕或免耕。

第二，土壤湿润时避免田间作业。土壤越干爽，板结越轻。

第三，使用较轻设备或将设备重量分配到较多轴上，减轻轴载。

第四，调整耕作作业深度，避免产生犁底层，因为其限制根生长和水分下渗。

第五，增加土壤有机质，将绿肥作物、厩肥、堆肥和作物残茬混入土壤中，增加有机质，改良土壤结构与排水性。

第六，改善地表与地表下排水，使土壤干爽，升温快，让作物管理作业灵活性更好。

（六）种薯拉运、临贮及催芽

所需种薯数量，依据自然损耗率、预期种植密度、平均薯块重量确定。亩播种量=预期种植密度×平均种块重量×（1+自损率5%），生产原种所用种薯为原原种，需要根据原原种重量等级选择用种量及播种密度，一般种植密度为5 000～6 000株/亩；生产大田用种，若播种亩保苗3 800～4 500株，亩用种量为180～200kg。

播种前一周将种薯拉到种植基地，运输途中设法保温5℃以上（加盖棉被等），卸后堆放高度不超过1.5m（或5层袋高）。包装之后，袋装种薯主要在装卸时遭受损伤；要避免袋装马铃薯从高处落到坚硬表面，防止严重跌碰挫伤。种薯出库要求采取精细预防措施保持种薯质量。如果使用非农场卡车运输散装或袋装种薯，在装车前必须对其进行彻底清洁和充分消毒。

临时贮藏库需有一定温度、光照控制设施，要求通风、保温状况良好。留出足够的空间，便于装卸，切种作业。

种薯催芽在避光条件下进行，温度12～18℃，催芽时间2周左右，原原种芽长1～2mm。其他种薯于播种前15～20d在库内升温催芽，由原有的2～3℃逐渐升至15～20℃，催芽长2mm左右（切勿超过5mm）。

（七）种薯切种

1. 种薯的生理年龄（图5-7）

种薯休眠期一般为收获后的1～2个月；顶芽优势期（幼龄期），只有顶部芽眼萌发，其他的芽眼仍处于休眠状态；多芽期（壮龄期），块茎上、中部的芽眼都萌发，有5～6个壮芽，此期在块茎收获后的4～5个月，利用多芽期（壮龄期）的种薯播种最好，出苗早而整齐，主茎数多，单株所结块茎数多，产量高；衰老期（老龄期），具有许多衰老细弱的芽，块茎失水、薯皮皱缩，此期约在块茎收获后6个月以上，播种后，植株早衰，产量低。不同生理年龄的长短与品种以及块茎收获后所处的温度、湿度条件密切相关。

图5-7　种薯的生理年龄

2. 切种要求

播种前2～5d切种，原种或大田种薯经分选机分级，25～50g的整薯播种，充分发挥其顶端优势作用，出苗整齐健壮，同时避免切刀传播病毒和细菌病害，也可以在脐部切掉1mm左右的表皮，造成伤口，打破休眠，缩短出苗时间，切种后造成的伤口也增加了种薯被病菌感染的机会。大于70g的原种进行切块，每个切块应具1～2个芽眼，平均重量40～50g，切面及个体大小差异越小越好，种薯块大小应与播种杯大小相匹配，种薯块过大切种时应将多余薯肉部分切掉。

注意事项：顶芽块小，底芽块大；要求芽块创面整齐，切面越小越好，利于刀口愈合；盲眼率不能超2%；芽块与小整薯分开播种；种薯避免太阳暴晒；烂薯要远离农场深埋。

3. 切刀消毒

每人备2把刀，用0.5%高锰酸钾溶液进行切刀消毒，现用现配，2h更换一次，切刀要在0.5%高锰酸钾溶液中浸泡5min以上（5min可杀死细菌）；或使用75%乙醇进行切刀消毒，切刀在75%乙醇中浸泡15～30s可杀死细菌，2～4h可杀死真菌。

4. 种薯处理

种薯切块后随即用70%甲基硫菌灵粉剂：滑石粉=4kg：100kg的混合剂拌种10 000kg种薯，均匀且完全地将拌种剂附着到薯块表面，或用22.4%氟唑菌苯胺悬浮剂300mL兑水12L拌种机拌种2 000kg，拌种要均匀一致，一定要晾干。

切块应在播种前一周进行，切好的种薯要避免长时间堆放引起霉烂，天气原因不能播种，最好存放在库房内，垛5层高，温度控制在8℃或垛在院内高度5层，宽2个袋宽，长根据地方大小确定，码好垛用草帘盖好，下雨时在草帘上盖塑料薄膜，雨停后塑料薄膜揭开。

二、播种

（一）播种机调试

播种前调试播种机，使播种量、施肥量、喷药量、播深、株行距等达到计划要求。机械作业时，起垄要直，接合垄的行距必须一致，便于以后的机械作业和田间管理。

（二）播种

1. 适期早播

适时播种，保证种薯及时出苗，减少在土壤中感病的风险。当10cm的地温稳定在10～12℃时开始播种；但也应避免播种过早，出苗后易受冻害，延迟生长。最好是在播种时，种薯温度与土壤温度保持一样。

2. 播种深度适宜

播种深度因气候、土壤条件而定，不宜过深或者过浅。播种过深，地温低，出苗慢，黑痣病（丝核菌病）严重，且不利于收获，收获时挖掘机负重过大；播种覆土浅时出苗虽快，但膨大的块茎易裸露土层外出现青皮，影响品质，同时匍匐茎易长出地面成为地上分枝，减少结薯数量。一般种薯播种深度为8～10cm，原原种1～3g或3.1～5g播种要浅，一般5～6cm，5～10g播种深度8～10cm，大于10g播种深度同大薯。沙土可适当深播，黏土需适当浅播。

3. 播种密度适中

机械播种的行距一般为90cm，根据土壤肥力、种薯级别、品种熟期和当地气候条件确定株距。原原种小于5g，株距10～12cm（1～3g种植密度为每亩7 000粒左右，株距10cm；3.1～5g为每亩6 000粒左右，株距12cm）；大于5g，株距15cm，每亩约5 000粒。原种早熟品种，株距一般为18～19cm，每亩约4 000株，中晚熟品种株距一般为19～21cm，每亩约3 800株。

4. 注意事项

（1）播前应反复测试播种密度，及时调整，使其与计划吻合。

（2）驾驶员行驶速度不宜快，操作中要用划印器，确保播种质量。

（3）杯式播种机链条松紧适中，出现空杯或一杯多块现象时，应调整播种机有关部位。

（4）随时清理播种杯内部，减少土与杂物堆积。

（5）沟施药剂应调节压力，喷头保证雾化良好，喷雾均匀一致。

三、田间管理

（一）除草

除草方法包括化学除草、机械除草、人工除草。尽量保持垄内、垄间无杂草。

除草方法详见第七章第三节马铃薯常见草害防治方法。

（二）中耕及滴灌管铺设

1. 中耕

出苗率达到5%～10%时开始，苗率达20%以前完成，或芽距离地表面3～5cm进行中耕，中耕时拖拉机应换窄的轮胎，以免垄间作业压苗，顶部培土厚度3～5cm。中耕可消灭杂草，松土保墒，提高地温。

2. 滴灌管铺设及安装

播种后根据土壤墒情确定滴灌系统网络的铺设时间，一般来说，结合中耕铺设滴灌管。最好前一年收获后，使用深松犁深松土壤造墒，避免翌年土壤太干，影响出苗。按照预先设计的方案，铺设支管。滴灌管推荐使用小流量（1.1～1.38L/h）滴灌管，滴头间距30cm，每垄一条滴灌管，可使用机器铺设滴灌管。铺设时要调整铺设机器，保证机器不卡管或者擦伤滴灌管，铺设过程中要时刻检查铺设质量，如有卡管或者擦伤滴灌管现象，需及时调整机器。

连接滴灌管与预先设计好的支管，封堵滴灌管末端。

3. 注意事项

（1）适时作业。

（2）正确使用中耕器，使其平衡前进。

（3）根据所需垄高调整中耕的角度，一般垄高20～25cm（图5-8）。

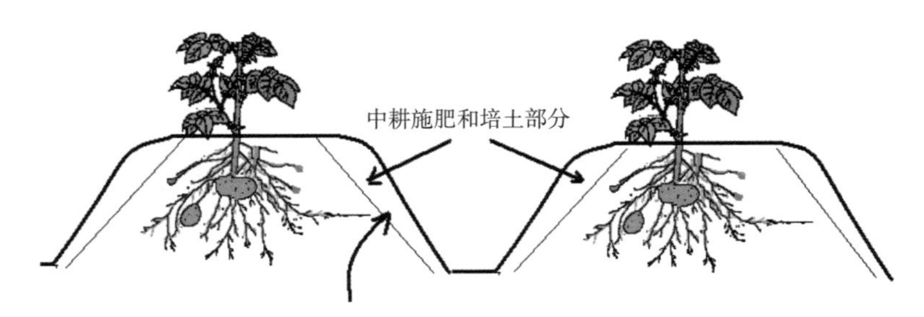

图5-8 合理的追肥与培土示意图

（4）保证作业质量，不伤根，不伤苗，尽量少埋苗。

（5）中耕时土壤相对湿度60%～65%较宜。

（6）地头、边角地带的垄顶必须培好土，否则除草效果不好。

（三）田间病株、杂株拔除

拔除原种、大田种薯田的病株是消灭病毒毒源、减少病毒传播和提高种薯质量的重要措施。一般马铃薯一个生长季需拔除病株、杂株2次。第一次在幼苗期，这一次最重要，尽量拔除能分辨出的病毒株和地下的母薯块，杜绝其再发出新枝。第二次在现蕾至开花期（有翅蚜虫迁飞前）进行，这时期症状表现明显，有利于彻底拔除病株，同时根据花色拔除杂株（图5-9）。

图5-9　拔出病毒退化株

拔除病株、杂株时，如发现植株上有蚜虫，必须先在病株及其周围植株喷洒灭蚜药剂。拔除的病株和其块茎应及时放入袋中，移出田间妥善处理，避免扩散传播。田间拔病株等作业应穿高腰水靴，每换地块前要用肥皂水清洗后再进地。拖拉机作业应先原种而后种薯田，每换地块应进行轮胎消毒。

（四）需水与灌溉

1. 需水

马铃薯整个生育期，土壤的相对湿度不低于65%。需水高峰通常在播种后的50～90d。

马铃薯生长期的需水情况见表5-4。

表5-4　马铃薯生长发育全过程需水量

不同生育时期	日需水量
苗期（播后4～6周）	需水范围在1.5～2mm
早期（播后7～10周）	需水范围在3～5mm
中期（播后11～15周）	需水范围在5～8mm
晚期（播后16～18周）	需水量开始逐步下降，直到2mm

2. 灌溉

依据植株一生中不同生育时期的需水量、不同时期耕层内相对含水量、降水量、天气变化趋势、土壤结构及水分供应量、植株表现等因素确定灌溉时间及灌溉量（表5-5）。

表5-5　土壤结构及水分供应量

土壤结构	30cm深土壤最大水分供应量（mm）
粗沙壤	12～18
轻壤土	15～20
沙壤土	22～38
壤土	33～43
壤黏土	40～55
黏壤土	45～60
黏土	55～73

灌溉时可结合化肥及农药的施用，尽量避开中午高温时间滴灌，保证12：00—15：00植株生长表象上不出现水分胁迫现象。

（1）播后灌溉。

第一次灌溉，播后至中耕前，一般不灌水。中耕后，根据土壤墒情24h后进行灌溉，使土壤相对湿度保持在60%～65%。注意灌水量不能太多，否则会引起养分淋溶或种块腐烂。

第二次灌溉，苗后20～25d，块茎开始形成，应使土壤相对湿度保持在

65%～70%。水量需适中，太多会导致养分淋溶，太少则可能导致薯块畸形。

第三次灌溉，苗后30～40d，根系的有效深度为60cm，应灌溉足够的水量，保证根区土壤达到田间最大持水量。

（2）中期灌溉。这个时期是田间灌溉的关键时期，需水量大。应采用短时且频繁的灌溉方式，保证土壤相对湿度为75%～85%，使土壤水分满足马铃薯生长的需求。

（3）晚期灌溉。作物需水量下降（茎、根停止生长，土壤被遮蔽等），灌溉间隔的时间可以拉长。如果植株受到早疫、晚疫及软腐等病害的威胁，允许在下次灌溉前土壤相对湿度降到65%以下。

（4）最后一次灌溉。杀秧前土壤相对湿度应降到50%，促进块茎成熟。沙土收获前10d，黏土收获前15d进行，本次灌溉应确保土壤松软，易于收获。

（5）灌溉量的计算方法及案例说明。

土壤灌溉量计算公式：$Et_o \times K_c = ET_c$

式中，Et_o为水分蒸发量，K_c为马铃薯作物系数，ET_c为灌溉量。

水分蒸发量获取途径：第一，在农场设置A级蒸发盘，每天定时观察蒸发量，该方法数据可靠性高，依赖人工采集，成本较低；第二，根据地理坐标，从数据库获得历史数据，数据有一定偏差，成本低；第三，从当地气象站获得实时数据，该数据可靠性高，可以远程传输，便于自动化管理，成本高。

土壤质地决定了每次的灌溉量，如表5-6所示，易利用有效水分（Readily available water，RAW）表示30cm土壤最佳持水量下降30%时所需灌溉水量，不同的土壤类型差异较为明显。

表5-6　不同土壤类型30cm土壤最佳持水量下降30%时所需灌溉水量

土壤类型	湿润带宽（m）	RAW30cm（mm）	RAW30cm（m^3/亩）
沙土	0.4～0.5	3～5	2～3
壤土	0.6～0.7	7～12	4～8
黏土	0.6～0.8	7～20	4～13

表5-7为虚拟的某地马铃薯作物生长季蒸发量，有效降水量及水分损失量情况，图5-10马铃薯作物系数仅为参考值（具体数值可查阅FAO及各类文献获

得，也可由当地农技工作者提供）。以沙土为例，该地块马铃薯盛花至块茎生长期（7月）每天需灌溉1次，灌溉量为4.7mm。如果该地块滴灌管滴头流量为1.1L/h，滴头间距0.3m，滴灌管间距0.9m，每小时的滴灌强度为4.074mm，那么一次浇水需持续70min。

表5-7　某地马铃薯生长季蒸发量ET_o，有效降水量ER及水分损失量

月份	ET_o（mm/d）	ER（mm/d）	ET_o-ER（mm/d）
5	4.3	0	4.3
6	4.8	0	4.8
7	4.7	0	4.7
8	4.1	0	4.1
9	4.3	0	4.3

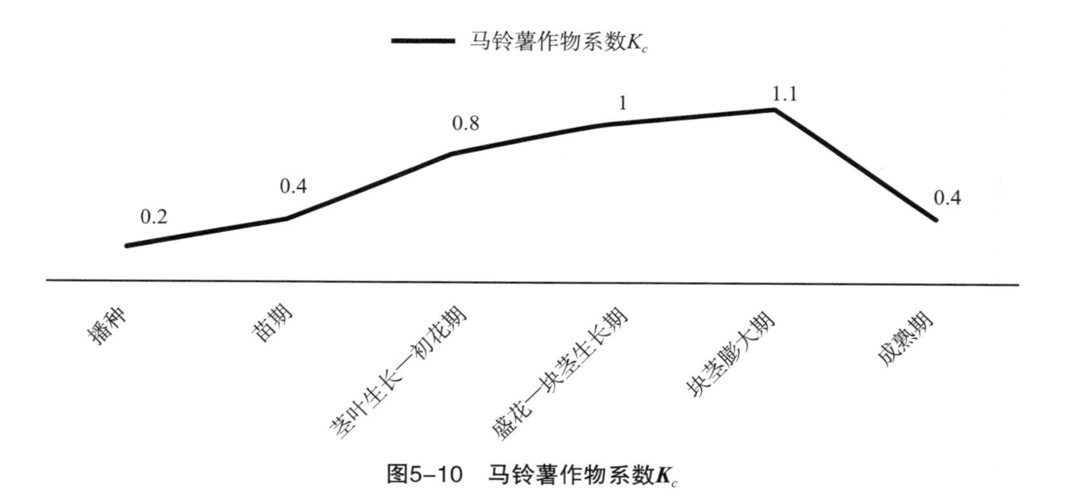

图5-10　马铃薯作物系数K_c

（五）追肥

1. 施肥时间及施肥量

依据施肥方案、土壤和组织测定结果、目测植株诊断，出苗后3周、5周、7周和9周追施氮肥较为合适，7周、9周可适量混追磷肥、钾肥及微肥，9周后以叶面追肥为主，确保植株正常生长发育之需。结合灌溉进行追肥，氮钾肥分

4～5次追施，收获前20d结束施肥。每次施肥量参考表5-2，结合实际植株长势，可适量减少化肥用量，逐年调试用量，以获得最适合的施肥方法及用量。若滴灌追施高浓度水溶肥（含量>45%）时，每次施肥量不用超过5kg/亩。马铃薯种植过程中，根据土壤的酸碱程度，针对所缺少的矿物元素，有选择性地喷施硝酸钾、磷酸二氢钾、硼酸、硫酸锰、硫酸铜、硫酸锌或硫酸亚铁等，每次喷施浓度应低于0.2%，最好喷施螯合态的多种微量元素，更便于马铃薯植株吸收。

2. 滴灌系统对肥料的要求

第一，滴灌必须使用水溶肥，水不溶物含量应在1‰以内，滴灌系统的肥料灌出口最好安装防腐蚀过滤器；第二，不同肥料混合使用前，或者使用一种新肥料时，需要进行肥料兼容性测试，防止沉淀；第三，在溶液pH值较低时，避免将含有钙镁的溶液和磷酸盐或硫酸盐溶液混合；第四，建议使用两个或者多个肥料灌，其中一个单独放置钙镁及微量元素。

（六）喷药

1. 时间与方法

植株封垄前，一般出苗后3～4周内完成第一次，以后每隔7～9d进行一次。马铃薯整个生育期一般喷药8～10次，降水量大，湿度大适当增加喷药次数。具体参考表5-3。

2. 注意事项

喷药时选择晴好天气，风力3级以下；不同药剂混施时，应相互不影响药效；喷药压力不低于20PSI，雾化良好，叶片正反面分布均匀；避免漏喷，喷药结束后要立即清洗药罐、喷头等；注意药剂轮换施用，避免产生抗药性。

四、杀秧

（一）杀秧时间

根据品种熟性、块茎膨大情况、天气情况等多种因素，综合考虑，于收获前10～15d进行杀秧。

（二）杀秧方法

1. 化学杀秧

使用吡啶类广谱触杀灭生型作物催枯剂叶面喷雾，植株繁茂时需要喷施2次。

2. 机械杀秧

拖拉机牵引杀秧机进行，杀秧后留茬5cm左右（图5-11）。

图5-11　杀秧机田间作业

五、收获

（一）收获前准备

（1）收获设备的安装、调试、维护，包括收获机械、运输车辆、加油车及维修车等。

（2）包装材料（麻袋或塑料网袋）的准备及人工的配备。

（3）临时覆盖物的准备，如草帘、棉被、塑料布等，以防止突然下雨、降温对马铃薯块茎的损害。

（二）收获时间

（1）早熟品种出苗后75～80d收获，中熟品种90～95d收获，晚熟品种100～110d收获。

（2）杀秧后10～15d，当马铃薯植株大部分枯死，薯皮木栓化后收获。

（3）温度8℃以上收获，利于块茎的伤口愈合。

（4）控制土壤湿度在50%左右，低于50%易造成薯皮损伤，高于70%不利于机械作业。

（三）田间收获

1. 确定收获深度

首先测量马铃薯结薯层的平均深度，再加深3 ~ 5cm，即为合理的收获深度，收获时检查块茎是否全部挖出或产生破损，适时调整挖掘深度。

2. 检查调试设备

检查传送链上留有土垫的厚度，厚度太薄导致块茎直接碰撞传送链条造成破皮，过厚造成挖掘后的块茎被土掩盖。可以通过调整牵引车的车速、根据地势调整液压调节杆以达到最佳的收获效果（图5-12）。

图5-12　马铃薯收获机收获效果

3. 晾薯

收获后的块茎上有水分和泥土，通过适当的晾晒可减少块茎表面的水分和泥土附着，一般1 ~ 2h较为适宜；避免暴晒，暴晒影响块茎伤口愈合；避免淋雨，以免造成品质下降和贮藏期间发生病害。

4. 分选和包装

按种薯大小（市场需要）分级包装，一般情况下分两级，即150g以下和150g以上，装袋时应尽量避免撞皮损伤。

5. 装运

车厢及四周用草帘铺垫，尽量采用专用装车设备，人工装车时避免踩踏。拉运时为避免雨淋或低温冻害应在车顶加盖草帘或苫布。

六、贮藏

（一）贮藏库的清理及消毒

清理后的贮藏库用生石灰粉均匀撒在地面，或用1/1 000的甲基硫菌灵（或多菌灵、百菌清）均匀喷洒地面及墙壁。

（二）预贮

新收获的块茎要放在通风较好，温度在15～20℃的种薯库中，高不超过2m，堆宽不超过4m，堆与堆之间留通风道，经过15～20d的预贮藏过程，使块茎表皮木栓化，薯皮干爽，机械伤口愈合，呼吸强度减弱平稳后逐渐降低温度，最后达到种薯的正常贮藏温度2～4℃。

（三）种薯贮藏

1. 贮藏温度

种薯贮藏的温度应根据种薯的贮藏期、播种时间确定。2～4℃是最佳的种薯贮藏温度。

2. 贮藏湿度

为防止块茎因过度失水造成薯皮皱缩失去种用价值，减少贮藏期间块茎中养分的损耗，同时又能防止块茎腐烂、发芽和病害的发生蔓延，窖内湿度控制在85%～90%。

3. 提高种薯的耐贮性

田间管理时避免过量使用氮肥，应使用氮磷钾复合肥或配方施肥，增加块茎干物质的含量。同时加强田间管理，防止病虫害的发生，增加种薯的耐贮藏性。

参考文献

曹孜义，刘国民，2001. 实用植物组织培养技术教程（修订本）[M]. 兰州：甘肃科学技术出版社.

陈家吉，沈艳芬，高剑华，等，2019. 温室马铃薯水培苗（薯）生产标准化技术操作规程研究[C]//2019年中国马铃薯大会论文集：198-200.

董玲，廖华俊，陈静娴，等，2002. 脱毒马铃薯微型薯产量影响因素的研究[J]. 安徽农业科学，30（6）：839，846.
高文涛，周爱爱，2020. 马铃薯脱毒苗水培技术[J]. 种子科技，38（7）：34，36.
郭正昆，2008. 马铃薯茎尖剥离与试管苗培养技术[J]. 农业科技与信息（9）：5-6.
海丽，徐琳黎，马静，2017. 脱毒马铃薯试管苗与剪顶扦插苗生长对比试验[J]. 农村科技（7）：22-23.
黄敏，冯焱，何建，等，2015. 紫色马铃薯脱毒苗水培快繁技术研究初报[J]. 南方农业，9（22）：86-88.
金辉，2012. 密度、季节和种源马铃薯微型薯繁育影响的研究[D]. 武汉：华中农业大学.
李思存，2013. 浅析气雾栽培的优势和技术改进空间[J]. 甘肃农业（12）：3，5.
李勇，高云飞，刘伟婷，等，2009. 马铃薯脱毒试管苗在不同扦插密度条件下的产量性状和经济参数的分析[J]. 中国马铃薯，23（3）：133-138.
刘小凤，2005. 马铃薯组织培养脱毒和病毒检测研究[D]. 杨凌：西北农林科技大学.
柳俊，2011. 我国马铃薯产业技术研究现状及展望[J]. 中国农业科技导报，13（5）：13-18.
马清艳，蒋加文，2015. 无土栽培技术原理及方案研究[J]. 考试周刊（49）：196-196.
马亚敏，焦玉环，2019. 马铃薯不同品种脱毒苗应用水培技术培养试验初报[J]. 农业科技与信息（20）：39-40.
庞芳兰，2008. 发达国家马铃薯种薯产业的发展及其启示[J]. 世界农业（3）：53-55.
蒲育林，高占彪，1994. 马铃薯微型种薯生产及应用前景[J]. 甘肃农业科技（4）：39.
邱硕，张婷，2020. 马铃薯脱毒原原种的无土栽培技术及应用[J]. 湖北农机化（12）：76-77.
桑有顺，冯焱，陈涛，等，2014. 成都平原冬季繁育马铃薯脱毒苗水培技术优化研究[J]. 西南农业学报，27（3）：1014-1017.
孙秀梅，2005. 马铃薯茎尖剥离脱毒效果的影响因素分析[J]. 中国马铃薯，19（4）：226-227.
王清福，居玉玲，2012. 马铃薯种薯生产中的病毒检测[J]. 上海农业科技（2）：24-24，39.

肖英奎，张艳萍，张强，等，2011. 马铃薯微型薯气雾栽培营养液研究综述[J]. 农机化研究，11（10）：220–223.

杨小琴，李善才，李增伟，等，2009. 马铃薯茎尖脱毒组织培养技术研究综述[J]. 现代农业科技（22）：85–88.

张鹤龄，2000. 我国马铃薯抗病毒基因工程研究进展[J]. 中国马铃薯，14（1）：25–30.

张利霞，赵桂芳，黄金泉，2015. 无土基质生产马铃薯原原种的几个技术环节概述[J]. 甘肃农业科技（5）：54–57，58.

周芳，贾景丽，刘兆财，等，2016. 不同激素配比对马铃薯茎尖成苗率的影响[J]. 中国马铃薯，30（3）：140–143.

朱德蔚，2001. 植物组织培养与脱毒快繁技术[M]. 北京：中国科学技术出版社.

CHANG D C，CHO I C，SUH C J，et al，2011. Growth and Yield Response of Three Aeroponically Grown Potato Cultivars（*Solarium tuberosum* L.）to Different Electrical Conductivities of Nutrient Solution[J]. American Journal of Potato Research， 88（6）：450–458.

CHANG D C，PARX C S，KIM S Y，et al，2012. Growth and Tuberization of Hydroponically Grown Potatoes[J]. Potato Research，55（1）：69–81.

RITTER E，ANGULO B，RIGA3 P，et al，2001. Comparison of hydroponic and aeroponic cultivation systems for the production of potato mintubers[J]. Potato Research，44（2）：127–135.

TIERNO R，CARRASCO A，RITTER E，et al，2014. Different Growth Response and Mintuber Production of Three Potato Cultivars Under Aeroponics and Greenhouse Bed Culture[J]. American Journal of Potato Research，91（4）：346–353.

第六章　乌兰察布马铃薯种薯质量控制

马铃薯在生产上采用块茎作为无性繁殖材料，长期的无性繁殖通常会造成马铃薯病害的积累，导致种薯质量降低。“科技兴农，良种先行”，优质合格的种薯是马铃薯产业发展的关键和首要因素，是保障马铃薯产业健康绿色发展的前提。目前，我国已成为全球马铃薯生产的第一大国，种植面积居世界首位，总产量约占世界的1/5，但单产低于世界平均水平。生产上缺乏优质合格的脱毒种薯是限制马铃薯产业发展的瓶颈问题。如何快速提高马铃薯种薯的质量，将是发展和完善我国马铃薯产业链条工作的重中之重。优质优价是发挥市场在资源配置中的决定性作用、实现农产品品质升级和农业高质量发展的根本路径。习近平总书记指出，实施乡村振兴战略，必须深化农业供给侧结构性改革，走质量兴农之路。只有坚持质量第一、效益优先，推进农业由增产导向转向提质导向，才能不断适应高质量发展的要求，提高农业综合效益和竞争力，实现我国由农业大国向农业强国转变。

马铃薯贸易中种薯质量竞争是第一位的，国际上马铃薯生产先进的国家，如美国、荷兰等，其马铃薯种薯生产的各个环节都是在质量控制的保障下健康发展的。美国是世界五大马铃薯生产国之一，产量的提高不仅得益于先进的育种技术、丰富的种质资源和科学的机械化种质模式，更得益于完善的马铃薯种薯生产体系和认证体系。种薯质量检测贯穿整个马铃薯生产过程，只有检测合格的种薯才能进入市场。荷兰马铃薯生产在全世界享有盛誉，荷兰马铃薯生产从种薯繁育、种薯生产、质量检测、病害防治、认证、仓储、运输等一系列环节都是在种薯质量控制体系下进行的，并且有严格的法律、法规来约束种薯生产。

近年来，随着马铃薯种植面积逐年增加。2009年，国家启动了马铃薯原种生产补贴项目，马铃薯脱毒种薯推广力度加大，使长期制约种薯生产发展的原种生产量少的问题得到了一定缓解。此外，受种薯补贴政策激励，种薯生产规模扩大，种薯供应量增加。薯农对马铃薯脱毒种薯的认识有了进一步提高，脱毒种薯应用面积逐步增大。最为重要的是，种薯生产企业对种薯质量重视程度逐渐加大，现阶段，乌兰察布种薯企业已全部配备了专用检测设备，特别是一些龙头企业，已初步实施了种薯质量的全程跟踪检测。通过对种薯生产的各环节进行全程质量监管，经过几年的检测，企业的种薯质量得到了一定程度的提高，多数种薯企业的质量已经完全达到了国家标准，企业从检测中获得了效益。

第一节　马铃薯种薯质量检验技术

马铃薯种薯从种到收，从运输到贮藏的整个过程都存在病害风险，因此，与其相伴的全程质量控制极为重要。全程质量控制在马铃薯种薯的各个生长阶段，既能检测病害防治效果，又可以评价种薯质量。国际上普遍采用全程质量检测的方式来评价种薯质量，在此基础上建立了种薯质量认证制度，要求未检测合格的马铃薯种薯不能作为种薯进行销售和使用。种薯质量检测成为种薯生产必不可少的一部分，并为建立规范的市场秩序发挥了重要作用（图6-1）。

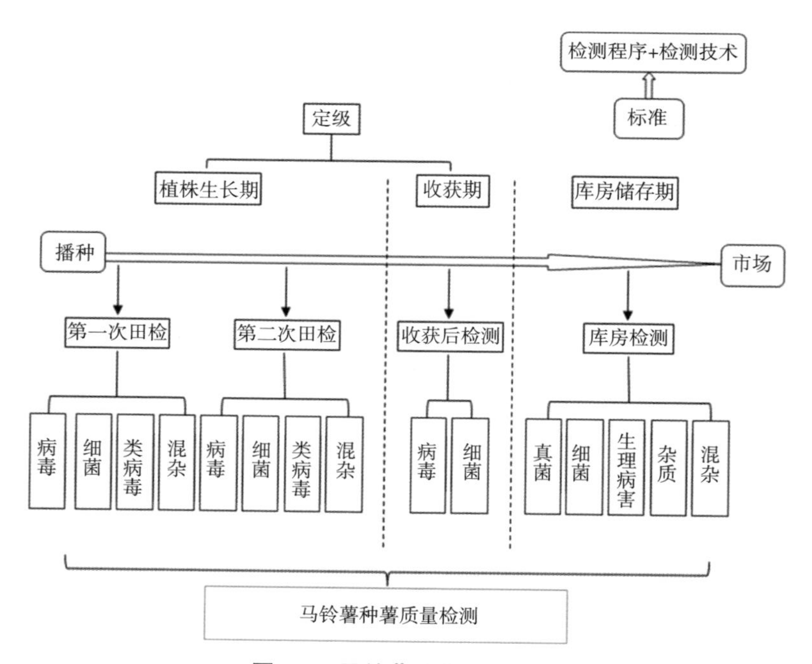

图6-1　马铃薯种薯质量检测

目前，中国马铃薯种薯质量检测工作基于国家标准《马铃薯种薯》（GB 18133—2012）开展的，该标准已经指导我国种薯行业经历了8年时间，引领中国马铃薯种薯行业取得了巨大的进步，极大地提升了我国马铃薯种薯的整体质量水平，但与一些发达国家相比，我国在这方面起步较晚，种薯质量认证制度仍在探索阶段。

一、田间检验

田间检验是马铃薯种薯质量管理体系中最重要的环节。大田种薯的繁育处于相对开放的环境中，影响植株生长的因素各不相同，病害症状因品种抗性、种薯质量、气候环境、化肥和农药使用以及病原物自身的侵染力的差异而不同；田间检验以目测为主，并采用目测检测与实验室检测相结合的方法，保证结果的准确性。

田间检验不仅仅是检测常规的6种马铃薯病毒（PVY、PVX、PVM、PVS、PVA、PLRV），还应涵盖国家标准中规定的品种纯度、青枯病和黑胫病，以及影响种薯质量的其他真菌性、细菌性及线虫病害，这些病害虽然不是国家标准中规定的田间检验的质量指标，却对种薯产量、块茎质量及后期仓储管理极其重要。此外，还要对田间检查过程中发现的非侵染性病害详细记录。

1. 检验时期

原原种田间检验在组培苗扦插结束或试管薯出苗后30～40d（温室或网棚中）、收获前20d左右进行。大田种薯第一次田间检验在出苗后30d，第二次田间检验在现蕾期至盛花期，第三次在收获前30d左右进行。

2. 检验前信息调查

在执行田间检验前，应了解该种薯批次生产的基本情况、生产档案和品种的特征、特性等，检查原原种生产的基质状况、前茬作物和设施防护质量状况、田间杂草为害情况、大田种薯前茬作物和空间隔离设置等，将以上详细信息作出记录。

3. 检验点数的确定

根据种薯级别，确定检验样区的分布，级别越高，检验样区分布要求越严格，做到分布合理、科学。

（1）原原种。同一生产环境条件下，全部植株目测检查一次，目测不能确诊的非正常植株或器官组织应马上采集样本进行室内检验。

（2）大田种薯。采用目测检查，每批次至少随机抽检5～10点，每点100株（表6-1）。

表6-1　每种薯批抽检点数

检测面积 （亩）	检测点数 （个）	检查总株数 （株）
≤15	5	500
15～600	6～10（每增加150亩增加1个检测点）	600～1 000
>600	10（每增加600亩增加2个检测点）	>1 000

4. 检查点的选择

温室或网室原原种生产沿着其延长方向，大田种薯沿着种薯垄向；根据确定的检验样区和检测点数，采用“五点法”或“之子法”设点，种薯田检验时，应边设点边检验，随机确定样区和样区内的植株；地头、打药道和集中发病区域作为检查点，计入检查总量，再按照每批次检测点数随机设点补足检查量（图6-2）。

检测点	混合	总病毒	病毒				坏死	青枯	黑胫病	丝核菌立枯病	晚疫病	早疫病	备注
			总病号	重花叶	卷叶	其他							
1		地头，路线起始点											
2													
3													
4		地块中间区域											
5													
6													
7		地头，路线终止点											
8													
9													
10													
百分率（%）													
备注	检查员：								种植者/代理人：				

图6-2　大田种薯田间检验检查点的选择

5. 检查植株

定点选择100～200株核实品种的真实性、检验品种纯度。重点检查种薯病毒侵染情况，并检查田间种薯细菌、真菌性病害情况；注意区分病毒病害与非侵染性病害、生理性病害、药害。

6. 疑似样品的采集与记录

田间病毒感病初期，症状不明显，在田间目测的基础上，须采集疑似株进行室内验证，作为目测检查的重要补充。另外还有一些抗病品种，田间症状不明显，很难进行目测检查，需要以实验室病毒检测结果代替目测检查结果，确定取样点后，按照田间目测检查的顺序和检查样品量，边目测病害症状，边逐株取样，记录检查批次。

整理田间检查过程中采集的非正常植株或器官组织，装入样品袋，做好标记，并拍照，然后按检测病害的要求保存好，带回实验室尽快进行室内鉴定，做好现场样品登记，并记录种薯田详细信息。

7. 出具田间检验结论

各个地块田间检验完成后，结合生产基础信息和实验室检测结果对目测结果进行修正，并按照GB 18133—2012规定的田间检验参数和指标进行质量评价（表6-2）。

表6-2　各级别种薯田间检查植株质量要求

项目		允许率[a]（%）		
		原原种	原种	一级种
混杂		0	1.0	5.0
病毒	重花叶	0	0.5	2.0
	卷叶	0	0.2	2.0
	总病毒病[b]	0	1.0	5.0
青枯病		0	0	0.5
黑胫病		0	0.1	0.5

注：[a]表示所检测项目阳性样品占检测样品总数的百分比。

[b]表示所有有病毒症状的植株。

二、收获后质量检测

根据自然气候、光热资源、地理和耕作制度将全国马铃薯种植地划分为四大栽培区域，即北方一季作区、中原二季作区、西南一二季混作区和南方冬作区。各栽培区域因自然条件、气候、栽培方式和栽培技术各异。不同马铃薯耕作区需种季节各不相同，我国出现两种不同的销售方式（图6-3）。北方种薯收获后，大部分经过入库前检查后贮藏于种薯库中，经过冬季贮藏后销售；另一部分收获后的种薯经检测合格后直接销售到南方客户，不经过库房贮藏直接销售。因此，针对不同的销售方式，收获后检测方式也各不相同，分为产地直销种薯的检测和入库种薯的检测。种薯收获后质量检测是衡量该批次种薯是否合格的最终依据，根据实验室检测结果决定该批次种薯是否可作为种薯销售。

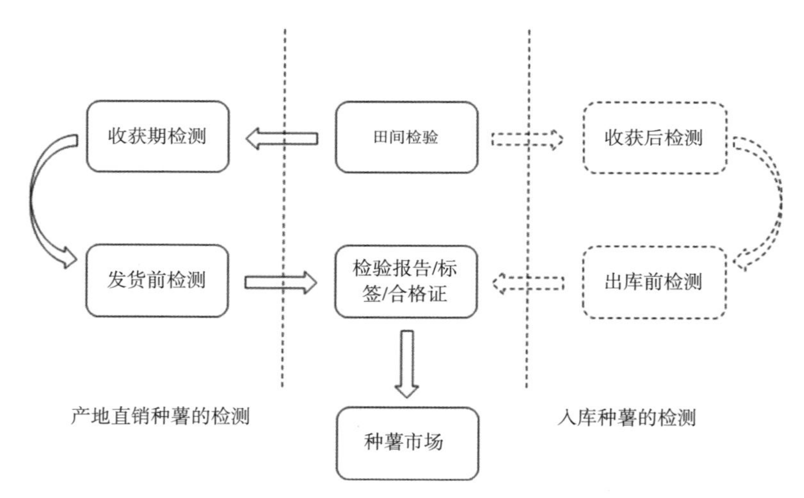

图6-3　我国种薯现有的两种销售模式

1. 入库种薯收获后检测（冬季测试）

田间检验结束到种薯收获前仍有一段时间间隔，这段时间蚜虫传毒为害仍然存在，若生长后期田间管理不到位，一味追求产量，不能及时杀秧，会引起蚜虫的暴发，从而严重影响种薯质量。此外，病毒和细菌侵染初期，由于体内菌量浓度较低，出现潜伏侵染的现象，不易通过目测发现，但植株生长后期在植株或者块茎上表现症状，同样会影响种薯质量。

（1）取样。种薯收获和入库期，根据种薯检验面积在收获田取样，随机设置10个取样点，每点取样品量的1/10，每个植株取一个块茎。为了避免在同一植株重复取样，可以每取一个块茎间隔1m左右，连续取够一个取样点的样品量；也可以在库房随机抽取一定数量的块茎用于实验室检测。从入库后的种薯中随机抽取10个点，袋装种薯取10袋，散堆直接取薯块，每点随机抽取样品量的1/10，可在比较方便的位置取点，避免烂薯和伤薯。

各级别种薯实验室检测扦样量按照国标GB 18133—2012规定方法，原原种根据每批次种薯总量确定扦取样品数量，大田种薯根据生产面积确定扦取样品数量（表6-3）。

表6-3　入库种薯实验室检测块茎扦样量

种薯级别	≤40hm²	≤100万粒
原原种	—	200粒（每增加100万粒增加40粒）
原种	200个（每增加10～40hm²增加40个块茎）	—
一级种	100个（每增加10～40hm²增加20个块茎）	—

（2）检测。病毒、类病毒检测既可以直接取芽眼部位，采用Real-time PCR方法，也可以种薯催芽、播种、管理，待长出植株后取叶片进行检测，采用DAS-ELISA方法。RT-PCR方法既适用于芽的检测也适用于叶片的检测。

结合田间检查结果与种薯生产地病害发生史确定检测病害的种类，按照标准的规定，病毒检测PVY和PLRV，细菌检测青枯病菌，因为青枯病在北方很少发生，所以只在必要时检测。通过目测、实验室分离鉴定及分子生物学方法检测青枯病、黑胫病、环腐病和类病毒。

（3）检测结果评定。根据检测出的阳性样本数与感病植株数，利用百分比推算，对应查出其感病百分率。按照国家标准规定的各级别种薯收获后检测质量要求（表6-4），判定种薯是否合格。

表6-4　各级别种薯收获后检测质量要求

项目	允许率（%）		
	原原种	原种	一级种
总病毒病（PVY和PLRV）	0	1.0	5.0
青枯病	0	0	0.5

2. 产地直销的种薯检测

由于产地直销种薯销售方式的特殊性，不经冬季入库贮藏，直接销往客户手中，冬季测试无法操作，入库种薯的检测方法不适用于产地直销种薯。为了尽可能掌握产地直销种薯相对科学的质量数据，可以通过产地直销种薯收获前检测和发货前检查实现对种薯的质量把控，根据检测结果决定该批次种薯是否作为种薯直接销售。

鉴于产地直销种薯无法实施收获后实验室检测，可以在杀秧前10d内完成实验室检测，掌握该批种薯的病毒率及真菌、细菌病害的发生情况，收获前检测结果会比实际种薯质量略好，但会帮助生产者更方便决策是否可作为种薯处理。

（1）取样。取样前，按照种薯销售计划，根据各批次销售量及种薯田面积，确定各级别种薯收获前检测的样品数量，见表6-5。

表6-5　产地直销种薯收获前检测样品数量

种薯级别	取样量（株/批）
原原种	200
原种	200（≤40hm^2，每增加10～40hm^2增加40株）
一级种	100（≤40hm^2，每增加10～40hm^2增加20株）

每批随机设置10个点，每点取样品量的1/10。病毒样品为随机扦取地上部第3或4个侧枝上的叶片，每个植株取1个叶片，连续取够1个取样点的全部样品，细菌样品为取块茎检测，每个植株取1个块茎。

（2）检测。可根据种薯生产地病害发生史及田间检验记录确定检测病害的种类，通常病毒只检测PVY和PLRV，细菌检测黑胫病菌，必要时还要检测类病毒和环腐病菌，直接将大小均等的叶片做成混合样，采用不同的检测技术检测。

（3）检测结果评定。按照入库种薯收获后检测的评定方法进行结果评定。

三、发货前质量检查

检查项目为国家标准规定的库房检查块茎质量指标，包括品种纯度、各类真菌病害、细菌病害、机械伤、土杂等，两者检查程序和内容基本一致。通过发货前质量检查的结果来判定该批种薯能否出货销售，可推测种薯播后的质量趋势，做到对即将销售的种薯的质量把控，防止质量纠纷。

1. 检测时间

根据生产实际，产地直销种薯发货前或入库种薯在翌年出库前，经过严格挑选，淘汰剔除病薯、伤薯，然后开始检测，可以边检测边出货。

2. 取样

在取样之前，首先应对被检样品进行确认，了解该种薯批次库房管理的基本情况，如温度、湿度、通风情况等，查看田间检查记录、种薯入库检查记录，以及种薯分选情况等。

种薯未经过挑选或已经挑选结束1个月以上时，抽检样品要从批量样品的不同位置随机取马铃薯样品并装袋，取样位置确保种薯堆上、中、下3层均有分布，采集的样品应能充分地代表该批量马铃薯种薯的全部特征，保证取样的代表性，刚刚分选完的种薯可直接在表层随机取样。

扦样量依据国标规定的库房检查块茎扦样量，原原种扦样点数数量见表6-6，每点取块茎500粒；大田种薯扦样点数量见表6-7，每点扦样25kg。

表6-6　发货前检查块茎扦样量（原原种）

每批次总产量（万粒）	块茎取样点数（个）	检验样品量（粒）
≤50	5	2 500
>50，≤500	5～20（每增加30万粒增加1个检测点）	2 500～10 000
>500	20（每增加100万粒增加2个检测点）	>10 000

表6-7　发货前检查块茎扦样量（大田种薯）

每批次总产量（t）	块茎取样点数（个）	检验样品量（kg）
≤40	4	100
>40，≤1 000	5～10（每增加200t增加1个检测点）	125～250
>1 000	10（每增加1 000t增加2个检测点）	>250

3. 块茎目测方法

首先，称量各样品袋内样品毛重，倒出样品袋内全部样品，对样品整体进行目测，判断是否存在品种混杂。其次，将健康种薯与染病和机械损伤种薯分开，并对存在生理缺陷和畸形的种薯进行检测。再次，对侵染性病害进行检查，观察块茎表面是否存在真菌、细菌病害；对于腐烂种薯或表面有异常的种薯需要剖开块茎，结合看、摸、闻来判断造成腐烂或异常的原因；对于没有腐烂的种薯应随机取20个块茎并切开脐部，用以检测环腐病和青枯病。最后，对种薯携带的土壤和杂质进行收集和称量。

4. 记录

执行以上操作时将发现带有病害的种薯按照各类病害类别分别摆放。当全部样品均检测完毕之后，对每类病害的所有薯块进行数量统计，填写种薯质量检测记录，并记录该种薯批次的详细信息。

5. 出库标准

各种薯批次检测完成之后，参考田间检测结果、入库检查结果及实验室检测结果对块茎目测检测结果进行修正，提高判断的准确性。依据国家标准规定的各级别种薯库房检查块茎质量要求（表6-8）进行种薯发货前质量检测的评价。

表6-8　各级别种薯库房检查块茎质量要求

项目	允许率（个/100个）	允许率（个/50kg）	
	原原种	原种	一级种
混杂	0	3	10
湿腐病	0	2	4
软腐病	0	1	2
晚疫病	0	2	3
干腐病	0	3	5
普通疮痂病[a]	0	10	20
黑痣病[a]	0	10	20
马铃薯块茎蛾	0	0	0
外部缺陷	1	5	10
冻伤	0	1	2
土壤和杂质[b]	0	1%	2%

注：[a]病斑面积不超过块茎表面积的1/5。

[b]允许率按质量百分比计算。

第二节　马铃薯种薯质量监管

一、种薯定级和降级淘汰制度

传统意义上的种薯级别仅以繁殖代数作为唯一的定级依据，由种苗生产出原原种，原原种生产出原种，以此类推，而忽视了种薯质量检测的重要性。国家标准《马铃薯种薯》（GB 18133—2012）将种薯质量检测结果作为种薯定级的重要依据，更加科学合理。如标准对原种作出规定，用原原种作种薯，在良好隔离环境中生产的，经质量检测后达到相关质量要求的，用于生产一级种的种薯。种薯级别以种薯繁殖代数为基础，同时应满足田间检查和收获后检测达到的最低质量要求。

根据质量检测结果结合种薯的基础繁育代数认定该批次种薯的级别，对于检测不合格的种薯批次降级到相对应的质量指标的种薯级别，达不到最低级别种薯质量指标的，淘汰该种薯批次。

为了保证种薯质量，要求种薯企业进行3次田间检验，前两次检查任何一项指标超过允许率5倍以内，可通过及时拔除感病植株降低田间病害基数，对质量控制作用效果显著，最后一次田间检验为最终检验结果，检验合格后，方可按照相应种薯级别收获和入库；若最后一次田间检验结果仍达不到相应级别的种薯田间检查植株质量要求，应该进行降级或者淘汰（图6-4）。

种薯收获后，经质量检测合格后，才可按相应种薯的等级销售。由于收获后质量检测结果是衡量该批次种薯是否合格的最终依据，根据实验室检测结果判定该批次种薯级别以及是否可作为种薯销售。对于不合格种薯批次按照国家标准中各级别种薯收获后检测质量要求进行降级处理，对于达不到最低级别种薯质量指标的种薯批次直接淘汰。

经过田间检验和收获后质量检测合格的种薯批次或者经降级处理达到相应级别的种薯批次，在销售前还应满足库房检查质量要求。各项质量指标均达到各级别种薯最低质量要求时，方可发货销售。对于不合格种薯进行重新分选或者降级到与库房检查结果相对应的质量指标的种薯级别，达不到最低级别种薯质量指标，应重新挑选，淘汰剔除病烂薯，直至检查合格后方可发货。

通过种薯定级和降级淘汰制度，对种薯生产全过程提出具体质量要求，确保种薯生产终端质量，保证销售到薯农手中的种薯为合格的种薯，从而保障农民的合法权益。另外，种薯企业通过灵活运用种薯降级淘汰制度，通过拔杂除病、重新分选及种薯降级等措施，能够规避部分损失，降低种薯企业面临的质量风险。

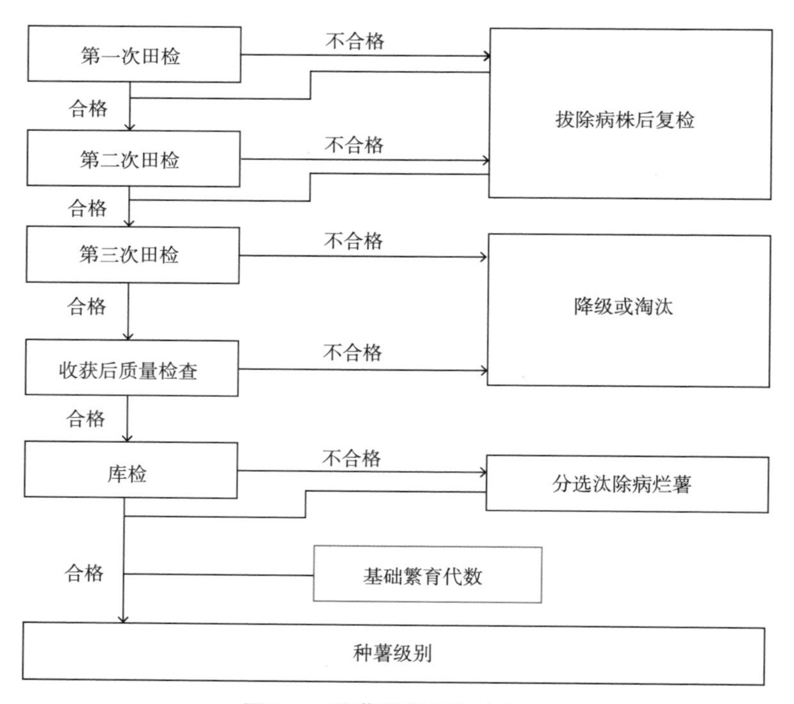

图6–4　种薯的降级淘汰制度

二、种薯标签和使用说明管理制度

为了维护种子生产经营者、使用者的合法权益，保障种子质量和农业用种安全，根据《中华人民共和国种子法》《农作物种子标签和使用说明管理办法》等相关规定要求，用于销售的马铃薯种薯应当附有种子标签和使用说明。种子标签和使用说明标注的内容应当与销售的种子相符，种子生产经营者对其标注内容的真实性和种子质量负责。

种子标签是指印制、粘贴、固定或者附着在种子、种子包装物表面的特定图案及文字说明。按要求，种子标签应当标注品种名称、生产经营者信息、检测日期和质量保证期、信息代码、质量指标、种薯级别、检疫证明编号、品种适宜种植区域及种植季节等内容，授权品种应标注品种权号，已登记的农作物品种标注品种登记编号。其中质量指标是指生产经营者承诺的质量标准，不得低于国家或者行业标准规定，脱毒繁殖材料按照品种纯度、病毒状况和脱毒扩繁代数进行标注。

使用说明是指对种子的主要性状、主要栽培措施、适应性等使用条件以及风险提示、技术服务等信息。按要求，使用说明应当包括品种主要性状、主要栽培措施、适应性、风险提示、咨询服务信息等内容（图6-5）。

希森薯业

作物种类	马铃薯	种子级别	原　种
品种名称	希森3号	登记编号	GPD马铃薯（2017）370002
生产日期	2017年9月	质保期	2～5℃下9个月
质量指标	GB 18133—2012	净含量	约30kg
适宜种植区域	内蒙古	种植季节	4月25至5月10日
检疫证编号	150923232017000l		
生产经营者名　称	内蒙古希森马铃薯种业有限公司		
生产许可编号	C（蒙）农种生许字（2016）第0031号		
经营许可编号	C（蒙）农种经许字（2013）第0011号		
注册地址	内蒙古乌兰察布市商都县杨家地村		
联系方式	0534-6835155　6835166		

种薯使用说明

一、品种主要特性	
出苗后85d左右收获，株型直立，株高60 cm左右，花冠浅紫色。块茎椭圆形，薯型大且整齐，薯肉淡黄色，薯皮光滑，芽眼浅，耐贮藏，产量潜力高。	
二、主要栽培措施	
1.内蒙古地区4月下旬至5月上旬播种，播前催芽。2.亩保苗水地4000～4500株，旱地2800～3500株。3.配方施用氮磷钾肥。4.及时中耕培土，块茎膨大期应保证水分供应。5.注意防控晚疫病。	
三、适应性	
该品种适宜在内蒙古、福建、广西、黑龙江、贵州等地种植。	
四、风险提示	不耐高温、不抗冻、不耐干旱、注意预防晚疫病
五、咨询服务信息	0534-6835155　6835166

图6-5　种薯标签及使用说明

按照《中华人民共和国种子法》第四十九条规定：禁止生产经营假、劣种子。相关部门依法打击生产经营假、劣种子的违法行为，保护农民的合法权益，维护公平竞争的市场秩序。并对假、劣种子给出具体定义：种子种类、品种与标签标注内容不符或没有标签的定义为假种子，质量低于国家规定标准或者标签标注指标的为劣种子。

通过马铃薯种薯标签和使用说明的使用，明确了生产经营者的主体责任，增强了对种薯企业的法律约束力。种薯标签和使用说明是种薯质量追溯体系中联结种薯企业和薯农的重要纽带。薯农可以根据包装标签鉴别种薯质量，防止购买假劣种薯。另外，在种植过程中，一旦出现质量纠纷，可以为薯农和种薯企业维护自己的合法权益提供依据。

马铃薯为无性繁殖材料，相比于大多数有性繁殖杂交作物，其品种权保护的难度更大。现阶段，一些种薯企业及科研机构耗费巨大人力、物力、财力经过多年的科研攻关培育出优良品种，一旦推向市场，就会被一些不具备生产资质的不法生产者通过茎尖剥离的手段窃取，套用其他品种名称，牟取私利，侵犯品种权所有人的合法权益，极大打击育种者培育新品种的信心。通过种薯标签使用制度的实施，可以打击盗取品种权的不法行为，保护品种权所有人的合法权益，维护种薯市场秩序。

三、种薯生产经营许可制度

2009年以前，乌兰察布种薯生产经营大多处于自发、无序状态，正规种薯企业非常少，无证现象较普遍，这是导致乌兰察布种薯质量低下、种薯市场混乱的重要原因。

近几年，在种子管理部门的严格管理和督促下，种薯生产者、经营者充分认识到了企业市场准入的重要性，纷纷办理农作物种子生产经营许可证。2011年新修订的《农作物种子生产经营许可管理办法》（图6-6）出台后，提高了企业的准入门槛，在种子管理站的严格审核和指导下，种薯公司取得了自治区级或市级马铃薯种薯种子生产经营许可证。

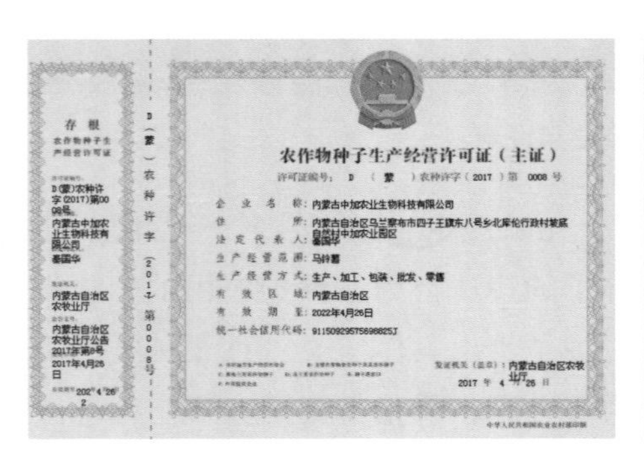
存根
农作物种子生产经营许可证
D(蒙)农种许字(2017)第0008号
内蒙古中加农业生物科技有限公司
秦国华
内蒙古自治区农牧业厅
内蒙古自治区农牧业厅公告2017年第8号
2017年4月26日

D（蒙）农种许字（2017）第0008号

农作物种子生产经营许可证（主证）

许可证编号：D（蒙）农种许字（2017）第0008号

企业名称：内蒙古中加农业生物科技有限公司
住所：内蒙古自治区乌兰察布市四子王旗东八号乡北库伦行政村被底自然村中加农业园区
法定代表人：秦国华
生产经营范围：马铃薯
生产经营方式：生产、加工、包装、批发、零售
有效区域：内蒙古自治区
有效期至：2022年4月26日
统一社会信用代码：91150929575698825J

发证机关（盖章）：内蒙古自治区农牧业厅
2017年4月26日

中华人民共和国农业农村部印制

农作物种子生产经营许可证（副证）

企业名称：内蒙古中加农业生物科技有限公司　许可证编号：D（蒙）农种许字（2017）第0008号
发证日期：2019年5月28日　有效期至：2022年4月26日

序号	作物种类	种子类别	品种名称	品种审定（登记）编号	种子生产地点	备注
1	马铃薯		克新一号	内农审字（1992）5号	内蒙古自治区	
2	马铃薯		大西洋	蒙审薯2002004	内蒙古自治区	
3	马铃薯		费乌瑞它	蒙认薯2002001	内蒙古自治区	
4	马铃薯		夏波蒂	蒙认薯2013001号	内蒙古自治区	
5	马铃薯		中加1号	GPD马铃薯（2018）150056	内蒙古自治区	

A：实行选育生产经营相结合 B：主要农作物杂交种子及其亲本种子 C：其他主要农作物种子 D：非主要农作物种子 E：种子进出口 F：外商投资企业

经办人（签章）：内蒙古自治区农牧业厅
印制日期：2019年5月28日

中华人民共和国农业农村部印制

图6-6　马铃薯种薯生产经营许可证

为加强农作物种子生产经营许可管理，规范农作物种子生产经营秩序，依据《中华人民共和国种子法》，2016年农业部重新制定并颁发了《农作物种子生产经营许可管理办法》，农业主管部门按照农业生产安全、提升农作物品种选育和种子生产经营水平、促进公平竞争、强化事中事后监管的原则，依法加强农作物种子生产经营许可管理。马铃薯属于非主要农作物，从事马铃薯种薯生产经营活动需要按照《农作物种子生产经营许可管理办法》的要求，办理种子生产经营许可证，种子生产经营者必须凭种子生产经营许可证向工商行政管理机关申请办理营业执照。同时，依据《内蒙古自治区马铃薯种薯生产经营许可办法》，申请马铃薯种薯生产经营许可证的单位和个人，应当满足生产经营相应级别种薯的检验设施、质量控制、检验人员、新品种权等条件。

（1）生产品种要求。生产的品种通过品种审定；生产具有植物新品种权的种子，还应当征得品种权人的书面同意。

（2）检验设施。检验室按检验项目分设，检验制度健全，水、电、控温设备齐全。检验室100m^{2}以上；仪器能满足病毒、真菌和细菌性病害检测，主要仪器包括超净工作台、放大镜、1 000倍以上双目显微镜、超速离心机、电子天平（感量百分之一、千分之一、万分之一）、电冰箱、灭菌锅、酶标仪、酶联板、电泳仪、电泳槽各1台（套）以上及相应仪器药品。

（3）技术人员。有专职的种子生产技术人员、贮藏技术人员和种子检验人员（涵盖田间检验、扦样和室内检验，下同）各3名以上。

（4）生产地点。生产地点无检疫性有害生物；符合种薯生产规程要求的隔离和生产条件。

（5）质量控制。应具有生产质量保证制度，内容包括亲本来源及质量、隔离措施、主要制种要点、质量监控检验手段等。

（6）办法规定的其他条件。

乌兰察布在全市范围内建立了种薯生产经营许可制度，种子管理部门给具备相应资质、具备相应条件的单位和个人颁发种薯生产经营许可证，并提供相应的检测服务，主要针对生产过程进行监督管理，检验合格后发放检验报告，要求不合格种薯降级或者淘汰，严禁不合格种薯流入市场。

通过实行种薯生产经营许可制度，督促种薯企业提升质量自律意识，可促进种薯行业健康发展，当这些种薯生产经营企业确实通过规范的种薯生产来提高种薯质量，增强其种薯竞争力并获得更好的经济效益时，将带动更多的生产

经营者自觉进行登记。

四、马铃薯种薯质量认证制度

中国马铃薯种薯质量检测发展了近20年，尽管我国在种薯质量检测方面做了大量的努力，我国修订了国家标准，制定了一系列行业标准，不断研发新的检测产品，不断探索新的检测技术，并培训了大量科技工作者，但直至今日，我国种薯行业依然存在诸多问题，究其原因，主要是种薯质量控制体系仍不健全，法律约束力不强，未将种薯管理提升到法律高度，对马铃薯种薯质量监管不够，没有在全国范围内推广马铃薯种薯质量认证制度。

从国外先进经验可以看出，要想将我国种薯质量管理水平提升到一个新的高度，尽快在全国范围内推行马铃薯种薯质量认证制度是必然选择。

为了推行马铃薯种薯质量认证制度，提高我国种薯质量水平，规范质量认证行为，净化种薯市场环境，在借鉴荷兰、加拿大等国家以及EPPO（欧洲和地中海植物保护组织）认证标准的基础上，结合中国马铃薯种薯生产现状，2018年起，连续3年农业农村部全国农技中心在10个省安排17个企业开展了8种作物种子认证试点示范工作，内蒙古自治区种子管理站承担马铃薯种薯质量认证工作，乌兰察布马铃薯种薯质量检验监测中心检验人员多次参与认证田的田间检验工作和疑似株样品的病毒检测工作（图6-7）。

图6-7　2018年马铃薯种薯质量认证试点示范田间检验

按照《全国农技中心关于印发2019年种子认证试点示范实施方案的通知》（农技种函2019年115号）的要求，内蒙古自治区种子管理站继续作为区域主持单位，全程监控和指导内蒙古坤元太和农业科技有限公司申请认证的165亩原种生产田和345亩一级种生产田。

2019年7月11日，由全国农技中心组织专家进行了现场考察，乌兰察布马铃薯种薯质量检验监测中心检验人员全程参与本次现场考察工作，考察工作组全面检查了种子认证示范实施方案的落实情况，通过现场查看了解企业的田间管理和作业情况，同时开展了马铃薯盛花期田间检验及疑似株样品的取样工作。考察工作组对种薯生产田进行了确认，并观察了种薯生产田的隔离条件，取疑似株带回乌兰察布马铃薯种薯质量检验监测中心进行室内验证。

通过连续多年参加全国农技推广中心组织的马铃薯种薯质量认证试点工作，为乌兰察布进一步开展种薯认证试点工作积累了宝贵经验。

为进一步提升种薯质量意识，完善质量管控体系，生产高质量的马铃薯种薯，提高种薯企业品牌的社会地位，增强企业竞争力，认真落实《内蒙古自治区乌兰察布国家马铃薯良种繁育基地建设项目》任务中的马铃薯种薯质量认证试点工作，应种薯生产企业的制种田认证申请，按照乌兰察布市农牧局《关于对乌兰察布马铃薯种薯认证生产田进行田间检验的通知》（乌农牧函〔2020〕104号）的要求，2020年9月3—6日对乌兰察布申请种薯质量认证的5家企业组织专家组进行田间检验工作，专家组严格按照《2020年马铃薯种薯认证实施方案》的要求认真审核田间管理档案、核查认证田隔离情况，并对认证田进行田间检验。乌兰察布市农作物种子质量检验中心对种薯认证种薯田进行第一次田间检验、收获后质量检测和疑似样品的室内检测工作。

通过认证试点，为认证制度实施提供了宝贵经验，国家实行认证制度将对内蒙古自治区和全国种业高质量发展起到强大的推动作用。通过实行马铃薯种薯认证试点示范，有效地促进了认证机制的完善，为种子质量认证试点顺利过渡到种子认证打了坚实的基础。

五、市级种薯质量控制

从国内外的成功经验和失败教训中可以看出，没有一个严格的质量控制体系，就生产不出高质量的种薯。虽然目前我国建立了两个国家级种薯质量检验检测中心，但对于分布全国各地、面积庞大的种薯生产，单靠这两个中心来实现全程质量控制是不可能的。

鉴于我国种薯生产面积大，分布范围广，生产条件各异的情况，成立了乌兰察布市马铃薯种薯检验监测中心（以下简称检测中心），并在此基础上了建立市级种薯企业的种薯质量控制体系，更能针对本地区种薯质量进行全面有效的监督。

检测中心自成立以来，在种薯质量检测领域一直处于全区领先水平。在全市种薯质量监管方面做了大量卓有成效的工作，每年按照自治区种子管理站和乌兰察布市农牧局等相关文件的要求，并结合国家标准，在种薯生产的各关键环节对全市持证的种薯企业开展质量检查工作，确保乌兰察布种薯质量符合国家标准规定，对不合格种薯进行通报，禁止不合格种薯流入市场，促使乌兰察布种薯质量的显著提升，确保农民用种安全，为马铃薯种薯从乌兰察布走向全国提供强有力的技术支撑。

检验中心拥有良好的工作环境，检验总面积1 268m^2，检验区域按种薯检验职能划分为病毒检测室、真（细）菌镜检室、PCR室、电泳室、配药室、接样室及样品保存室。中心配有酶标仪、荧光显微镜、组织研磨机等先进的检测仪器设备共计363台（套），具备马铃薯种薯各项质量指标检测的硬件要求，仪器设备性能和精确度能满足国家标准和行业标准的要求。

马铃薯种薯质量检测工作比较复杂，要求检验人员具有丰富的田间病害识别经验和实验室检测能力，乌兰察布农作物种子检验工作始于20世纪50年代，一直承担着全市农作物种子质量检测工作，具备农作物种子质量监督检测技术和工作能力，检验中心现有检验技术人员10名，其中高级农艺师4名，在马铃薯病毒检测和真（细）菌病害检测方面具有较强的技术力量和实践经验。

为了不断提升检验人员的检验能力，定期参加农业农村部马铃薯种薯质量检验测试中心（哈尔滨，张家口）以及全国农技推广中心组织的检测技术培训。同时为了保证检测结果的可靠性，在进行监督检验的同时，按照自治区农业主管部门相关文件的要求，内蒙古自治区农作物种子质量检验中心在盛花期和收获后对市内种薯企业进行质量抽检，确保全市种薯质量合格可靠。对于检测不了的疑难问题，委托送样到农业农村部马铃薯种薯质量检验测试中心（哈尔滨，张家口）进行检测分析，保证检测结果的真实可靠。

1. 田间检验工作

植株生长盛花期开展田间检验工作，对全市各种薯企业植株质量状况进行目测检查，对疑似株样品进行实验室验证，根据田间检验结果对各种薯批次出具检验报告，对不合格种薯进行通报，并责令相关种薯生产企业采取相应的措施，降低病株率，待库检合格后方可销售，加强对该批不合格种薯的后续跟踪调查。2017—2020年，共对辖区内92个种薯批次进行田间检验，扦取疑似株样品2 000余份，累计检验面积达17 302.4亩。

田间检验以目测为主（图6-8），并采用目测检测与实验室检测相结合的方法，保证结果的准确性。尤其对抗病毒很强的品种，必须以实验室病毒检测结果作为判定种薯质量的依据。

图6-8　检验人员正在进行田间检验

2. 种薯入库质量检测

种薯入库质量检测结果是该批次种薯是否合格的重要依据，每年在收获结束种薯全部入库后，检验人员开始对全市种薯生产企业开展种薯入库质量检查工作，包括库房检查和实验室检测，扦取块茎样品，经过室内催芽、种植、生长后采集叶片进行实验室病毒检测（图6-9）。重点检查田间检验不合格的种薯批次及相关企业的种薯，对入库质量检查不合格种薯进行通报，禁止销售或者允许降级后销售。2017—2020年，共对辖区内87个种薯批次进行收获后质量检测，累计扦取样品10 000余份，代表种薯重量共计19 522t。

图6-9　检验人员进行库房检查与实验室检测

3. 出库前检查

在种薯出库前，对即将销售的种薯进行质量检查，确保出库销售种薯的各项质量指标符合国家标准。对于不合格种薯，要求种薯企业进行重新分选，汰除各类病烂薯至检查合格后方可销售，从种薯生产的终端杜绝不合格种薯流入市场，规范种薯销售市场，保障农民的合法权益。

4. 春季种薯质量入户调查

按照《乌兰察布市马铃薯脱毒种薯补贴实施方案》的要求，乌兰察布市种子站与乌兰察布市植保站成立质量检查组，于春播前，对乌兰察布马铃薯种植户的种薯质量进行入户调查。重点调查品种纯度、各类真（细）菌病害感染情况、机械伤、土杂等质量指标是否符合标准，包装标签和使用说明是否规范以及是否携带检疫性有害生物等内容。2020年对乌兰察布四子王旗、察右中旗、兴和县及察右后旗4个旗（县）开展种薯质量入户调查，共调查农户24户，涉及10个马铃薯品种，涉及10家供种企业（图6-10）。

图6-10　春季种薯质量入户调查

通过种薯质量入户调查，本着加强事前检查的原则，可以更加准确掌握销售到马铃薯种植者手中种薯质量真实情况，对于质量不合格的种薯，主动联系种薯企业退换种薯，切实保障薯农的合法权益，预防种薯质量纠纷发生。防止马铃薯粉痂病、马铃薯线虫病等区域性检疫性病害随种薯调运传入乌兰察布，造成病害流行，保护土壤。

5. 委托检验

检验中心承接全市马铃薯种薯委托检验的工作。虽然检验中心对乌兰察布市种薯质量严格把关，但马铃薯生长受各种因素的影响，难免会出现质量问题，检验中心为解决乌兰察布种薯质量纠纷提供技术支持。另外，乌兰察布部分种薯企业检测力量薄弱，需要检验中心提供检测数据来指导种薯的生产。为了扩大检验中心在全区的影响力，检验中心每年接受内蒙古自治区农作物种子检验检测中心委托的田间检验和入库检验室内病毒检测的部分样品。

第三节　马铃薯种薯企业质量自控体系

质量是企业的生命，马铃薯脱毒种薯生产繁育技术日益规范和成熟的今天，种薯质量事故依旧频发，归根结底是种薯企业对脱毒种薯生产各生产环节监管不到位，没有形成完整的质量控制体系，对种薯生产与销售过程各个环节未作出详细的记录，使种薯企业步履维艰。应从生产实际与长远的角度考虑，对种薯生产与销售过程中各个关键环节做到严格的质量把关，才能使种薯企业在激烈的竞争中立于不败之地。

一、质量管理机构

近年来，随着种薯企业质量意识的逐渐提升，通过加大检测投入，引进并培养专职从事质量检测工作检测人才，先后成立质量管理中心，专门负责质量检测、质量管理、售后质量服务等工作，并且能够保持质量管理机构的独立性；同时，一些种薯企业成立由知名专家组成的技术委员会，给企业的质量管理提供技术支持，研讨解决重大质量问题，确保顾客的需求和期望得到满足，来提升企业的产品和服务。内蒙古中加农业生物科技有限公司早已成立了质量技术部，每年对各级种薯进行严格的田间检验和收获后质量检验，据统计，每年的专用检验经费达300万元以上。

二、质量风险检测

马铃薯种薯生产过程是由脱毒苗繁育、原原种生产、大田生产、贮藏、销售及售后服务构成的有机整体，各个环节都存在潜在风险，只有将各环节的质量管理工作做到极致，严把质量关，形成种薯全程质量控制体系，才能将种薯生产的风险降到最低，生产出合格的脱毒种薯。

根据产品的生产过程，识别和确定容易产生质量问题的关键点，采取自检、监督检验和外检的三重检测制度，监督检验由农业主管部门定期开展，外检由种薯生产企业送样到农业农村部马铃薯种薯质量检验测试中心（哈尔滨、张家口）进行检验，种苗一般采用外检和自检的方式进行检测，原原种和大田种薯采用自检和监督检验的方式进行检测，确保种薯生产关键环节质量可靠性，避免质量事故的发生（图6-11）。

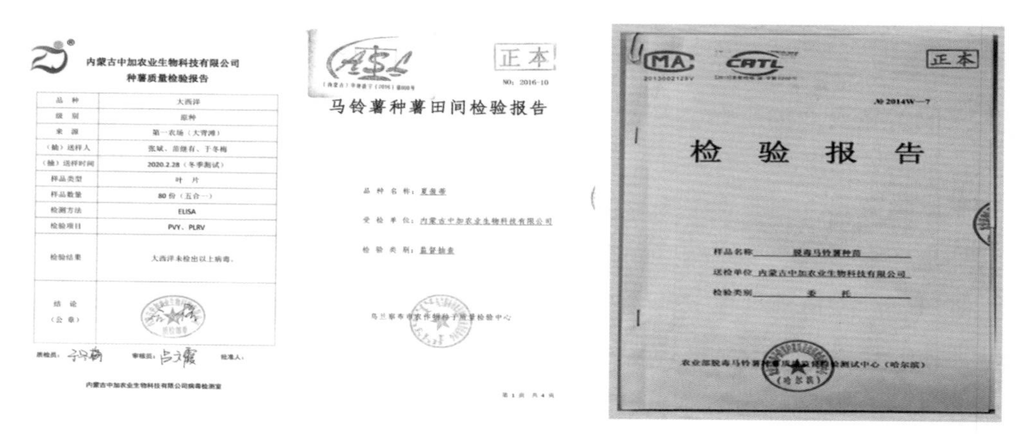
内蒙古中加农业生物科技有限公司
种薯质量检验报告

品　种	大西洋
级　别	原种
来　源	第一农场（大青滩）
（抽）送样人	张斌、苗继有、于冬梅
（抽）送样时间	2020.2.28（冬季测试）
样品类型	叶　片
样品数量	80份（五合一）
检测方法	ELISA
检验项目	PVY、PLRV
检验结果	大西洋未检出以上病毒。
结　论 （公　章）	

质检员：　审核员：　批准人：

内蒙古中加农业生物科技有限公司病毒检测室

正本

NO：2016-10

马铃薯种薯田间检验报告

品种名称：夏波蒂

受检单位：内蒙古中加农业生物科技有限公司

检验类别：监督抽查

乌兰察布市农作物种子质量检验中心

第1页　共4页

CMA　CATL　正本

№ 2014W—7

检　验　报　告

样品名称　脱毒马铃薯种苗

送检单位　内蒙古中加农业生物科技有限公司

检验类别　委　托

农业部脱毒马铃薯种薯质量监督检验测试中心（哈尔滨）

图6-11　自检、监督检验和外检报告

三、质量追溯体系

种薯企业需对种薯生产进行全程质量监管，完善各生产环节，建立生产质量档案，逐步建立马铃薯种薯质量追溯体系（图6-12），包括种薯生产单位的资质、生产规模和能力、土壤水质检测、生产资料记录、日常管理记录、各级产品的质量检测等，使种薯生产中任何一个环节出现问题都可查明原因，追溯到上一级种薯。另外，种薯企业通过逐步建立质量追溯体系，可以明确质量信息，增加供种和用种双方的相互信赖，有利于建立健康的市场氛围。

优质种薯必定伴随着最为严格的质量管理。马铃薯种薯是生产出来的，种薯合格与否是检测出来的，在生产过程中通过检测，加强种薯生产关键点质量把控，从源头控制，从细节抓起，才能生产出合格种薯。

为加强种薯的质量管理，企业在《马铃薯种薯》（GB 18133—2012）基础上，严格按照《脱毒苗种繁育技术规程》《原原种繁育技术规程》《原种和大田用种繁育技术规程》等乌兰察布农业地方标准指导生产，并制定严格的种薯质量全程控制制度（图6-13），在生产中贯彻执行。

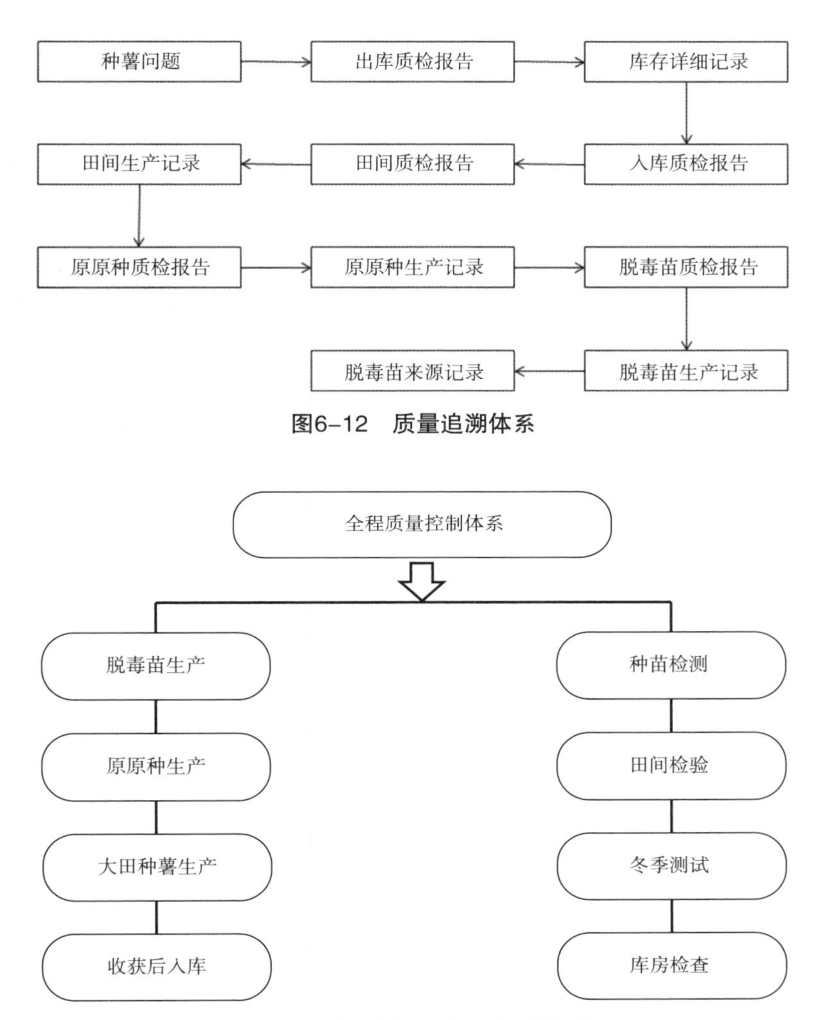

图6-12　质量追溯体系

图6-13　全程质量控制体系质量管理过程

1.脱毒苗质量控制

作为马铃薯种薯生产最核心的环节，脱毒苗的质量决定着整个种薯批次质量的走向，任何微小的质量问题，都会对后期种薯生产造成毁灭性的灾难，因此对脱毒苗的质量要求也是最为严格的。

脱毒苗分为核心苗和基础苗，核心苗是通过茎尖分生组织培养技术获得的经检测无病毒，经试种观察具有原品种典型性状的脱毒苗；基础苗是由核心苗繁殖的、经检测无病毒的脱毒苗（图6-14）。

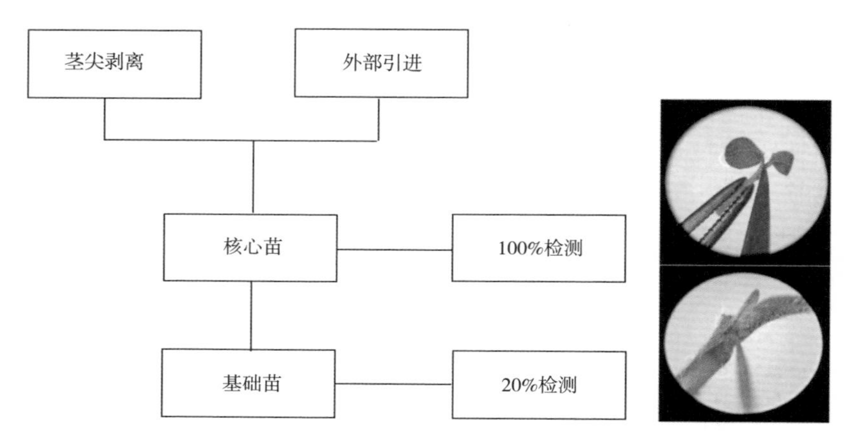

图6-14　核心苗基础苗检测

相比于基础苗，核心苗的质量要求更为严格。核心苗的来源一般分为两部分，一部分是通过茎尖剥离产生的，另一部分是外部引进的。按照质量控制要求，所有的核心苗要进行100%检测。由核心苗繁育而来的基础苗，每年在大量生产扩繁以前和扩繁后，按照20%的比例进行抽检，并出具检测报告。种苗检测主要针对病毒、类病毒以及一些细菌性病害。

除了检测外，脱毒苗的日常管理也很重要（图6-15）。脱毒苗的生产是在组培室内无菌的环境下进行的，要求工作人员要有较高的质量意识，严格按照工作规范操作，任何不当的操作都会造成脱毒苗污染。因此要对组培室内日常管理工作进行记录，严把脱毒苗生产质量关，为质量溯源体系提供数据支持。

图6-15　脱毒苗的日常管理

2. 原原种质量控制

原原种生产在隔离的温室或者网室内进行，为了避免土传病害的为害，采用高床栽培的方式生产原原种。国家标准规定对原原种有较高的质量要求，田间检验和收获后检验都不能携带病毒和真（细）菌病害。作为第一代种薯，高质量的原原种是生产优质种薯的重要保障，是大田种薯的基础，其种薯质量直接影响原种和大田用种种薯质量的优劣。

为了实施对原原种的质量管控，掌握原原种的质量，按照国家标准的规定，对原原种进行田间检验、收获后检验和库房检查，根据实验室检验结果出具检验报告。

与脱毒苗生产一样，原原种的日常管理同样重要（图6-16），为质量溯源体系中重要一环。要求工作人员严格按照工作规范操作的同时，要做好原原种日常管理记录，包括蛭石、肥料、农药等生产资料的来源，温、湿度记录，浇水、施肥、植保记录等，提高工作人员管理水平，防止重大质量事故的发生。

图6-16　原原种生产日常管理

3. 大田种薯的质量控制

由于大田用种质量受多重因素影响，其质量控制工作更为复杂。要从切种、播种、中耕、打药、浇水、施肥、收获、贮藏等种薯生产田间管理各方面入手，从种到收，严格执行农业地方标准与生产方案，并做好田间管理记录。同时，要将检测作为衡量种薯质量的重要手段，做好隔离、消毒、蚜虫监测、去杂去劣等质量控制细节，进行全程质量控制，保证种薯的质量和产量。

（1）隔离。选择海拔1 300m以上的冷凉地区，种薯生产地块方圆2 000m内不能有向日葵、油菜等开黄花的作物种植地和商品马铃薯种植地。选择新地或至少3年内没有种过马铃薯、向日葵、甜菜及其他茄科作物，且未曾发生过粉痂病、疮痂病、枯萎病、黄萎病、线虫病等病害的地块。前茬未用过莠去津、烟嘧磺隆、氯磺隆、二氯喹啉酸、咪唑乙烟酸等长效除草剂。及时清除种薯田杂草，种薯田周围预留隔离带或者种植保护带，防止蚜虫迁入（图6-17）。

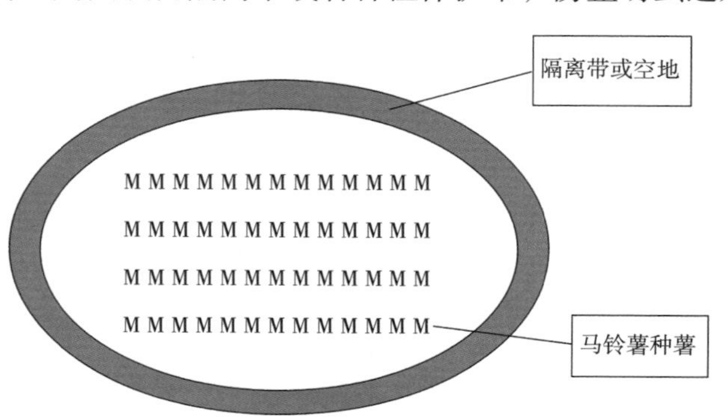

图6-17　种薯隔离

（2）切种。使用合格的基础种薯，切无病种薯要一刀一消毒；如遇到有腐烂、黄圈的种薯时，剔除病烂薯，必须保证每切一下切刀进行一次消毒。每人配备2把刀，每次换下的刀都要插入酒精中浸泡至刀身。需要有专人检测和调节酒精浓度，始终保持在70%～75%。案板每天上、下午收工时把用过剩下的酒精收集于大桶内，再把切种用过的案板浸泡在大桶酒精中，以备下一次使用。所有参与切种的人员在工作前对衣服、鞋、手用75%的酒精进行彻底的消毒，防止接触性病菌传播。切种时，先竖切，使顶芽均匀分布，然后根据芽眼位置切块，每个种薯块重40g左右，1kg种薯块切25块左右（图6-18）。

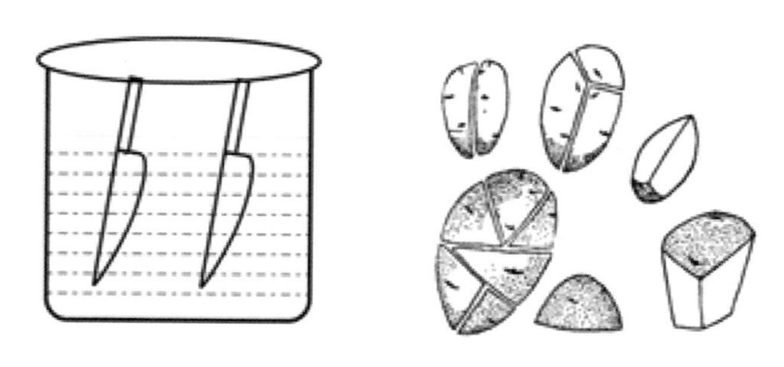

图6-18　切刀消毒与切种

（3）拌种。不论采用干拌或者湿拌的方法拌种，必须保证药剂药液和滑石粉均匀覆盖薯块创面或表面，在通风处晾干后装袋，薯袋按马莲垛码放于通风良好处（图6-19）。

图6-19　拌种与码垛

（4）田间管理。田间质量控制以蚜虫监测、清除病杂株、防治蚜虫为主，同时要根据气候条件注意早疫病、晚疫病的防控。

①蚜虫监测与防控：马铃薯出苗后，在地边设置诱蚜盘引诱蚜虫，并准确掌握蚜虫在当地的迁飞信息，为科学防控蚜虫提供依据。每基地均匀放置5个诱蚜盘，放置在地块周围离地边5m，距离地面60cm。出苗后每2d调查一次，记录每个诱蚜盘蚜虫的数量（含零记录）（图6-20）。蚜虫出现后，记录蚜虫出现的时间和每次调查的数量。质量部门等巡查人员进地时要携带黄板对蚜虫进行检测，并调查叶片蚜虫发生数量（头/叶片）。当蚜虫出现后，立即按植保方案进行蚜虫防控。在植株彻底枯死前需继续按照植保方案进行蚜虫的防控。

图6-20　黄皿诱蚜盘蚜虫监测

②田间检验与清除病杂株：尽早去除，早期在田间行走比较方便，挖除的病株也比较小。可能的话在多云或阴天操作，病害更易识别，如果在晴天操作，尽量背着阳光走，必要时，采用遮阳伞遮阴田检。现蕾前进行第一次病杂株清除。现蕾期进行第一次田检（目测），如病毒株率>5%、杂株率>3%、有黑胫病或环腐病、青枯病时，则必须进行第二次清除病杂株。盛花期进行第二次田检（目测与样检结合），如病毒株率>5%、杂株率>0.5%、有黑胫病或环腐病、青枯病时，则进行第三次清除病杂株或转为商品薯管理。杀秧前7～10d进行第三次田检（样检），如总病毒株率大于5%则转为商品薯。

对监工人员和雇佣拔病杂株的人员上岗前进行病杂株识别和拔除方法的培训。拔除病杂人员、除草人员每次进地时必须要对手、衣袖、鞋、裤腿用75%酒精进行喷雾消毒。将病杂株拔起放入背篓或尼龙袋中，此过程注意带病植株及接触过病株的身体部位不能与健康植株接触。盛装适量病杂株后将背篓及时带出种薯田，在距离种薯田50m以外的地方集中堆放处理。如遇到有环腐病、黑胫病的植株要将地下块茎一起清除。植株封垄后尽可能避免人员进地进行拔除病毒株和除草等活动（图6-21）。

图6-21　田间检验与清除病杂株

③病害防治：自现蕾期开始，随时进行田间调查，及时发现晚疫病等病叶或发病中心，按植保方案及时控制，防止病害蔓延和加重。如有严重发生的地块，则收获的种薯不应出售。

④水肥控制：氮肥过多会影响田间检验过程中对病毒株的识别；后期氮肥过多会延迟植株成熟，干物质含量低；氮肥过多可能导致畸形薯和内部缺陷；

控制好水量不仅可以减少和控制真菌性病害，也可以控制细菌性病害和生理性病害。

（5）适时收获。按照种植方案，适时停肥，杀秧前2d停水。收获前20d进行杀秧。建议采用大水量低剂量药物（立收谷）杀秧，如用水量60L/亩+立收谷100mL/亩喷洒2次，间隔5～7d。杀秧要彻底全面，不留死角绿秧。防止蚜虫迁徙造成病害传播，使薯块保持生理年青有旺盛生活力，并促进薯块后熟。选择晴天，土壤较干燥时收获。种薯起收后，风干后，剔除病残薯，进行收获。要尽量减少机械损伤和挤压，机械损伤是导致马铃薯干腐病发生的最重要因素，而挤压和碰撞造成“内伤”的薯。

（6）消毒。

①种薯装车人员消毒：种薯装车人员装车前用75%酒精对手、鞋、裤腿等彻底消毒。

②种薯运输车辆、遮盖物消毒：对种薯运输车辆车厢、轮胎及种薯遮盖物用75%酒精进行消毒。

③播种机清洗消毒：播种前将播种机用高压水枪清洗干净，再用75%的酒精对播种机料斗、播种单元和轮胎进行喷雾消毒，尤其是在播种过程中更换不同来源、不同级别、不同品种的种薯时。

④田间耕作期间农机具的消毒：所有的农机具在进地前用高压水枪彻底清洗，然后再用75%酒精对车轮、犁铧等能接触到植株的部位进行喷雾消毒2～3次。同一农机具停留在地头或不经过公共道路时，可不进行消毒（图6-22）。

图6-22 人员消毒与农机具消毒

⑤进地人员消毒：外来参观人员和日常管理人员在进地前对所驾驶车辆和手、鞋、裤腿等彻底消毒。

⑥收获时运输车辆及包装、覆盖物消毒：每次用过的吨包要用5%～7%次氯酸钠液浸泡8～10min进行消毒；覆盖物使用时用75%酒精进行喷雾消毒一次。

（7）贮藏与运输。贮藏前要把贮窖打扫干净，并进行消毒处理。入库后按品种、级别、规格摆放，贮量为库容量的2/3，温度控制在2～4℃，相对湿度在85%～90%，定期通风，并保持库内清洁卫生。

采收后的马铃薯应在清洁、阴凉、通风的环境中堆放；装好车后2d以内必须发出去，先收先装，先装先发，若不能及时运走，应选择阴凉、避光、通风、干燥和洁净的场所按品种、等级存放；同一车辆内马铃薯的产地、品种、等级应一致，如无法避免，要隔离好（图6-23）。运输过程中应在不损伤马铃薯品质的情况下，综合考虑产地温度、销地温度、适宜贮存温度和湿度等因素，采取保温措施，防止温度波动过大，不得与有毒、有害物质混运；应做到货物、单证相符，保留相关票据备案。任何级别的种薯出库前应达到库房检查块茎质量要求，重新挑选或降到与库房检查结果相对应的质量指标的种薯级别，达不到最低一级别种薯质量指标的，应重新挑选至合格后方可发货。

图6-23　种薯收获与贮藏

（8）收获后检测。收获后取块茎样品进行病毒病、类病毒病、环腐病、黑胫病、疮痂病、枯萎病等和缺陷薯的检测。任何级别的种薯发货前应达到收获后检测和库房检查块茎质量要求。

参考文献

白艳菊，李学湛，申宇，等，2009. 马铃薯种薯质量田间检验技术探讨[J]. 中国马铃薯，23（6）：360-363.

白艳菊，2016. 马铃薯种薯质量检测技术[M]. 哈尔病：哈尔滨工程大学出版社.

包丽仙，蒋伟，尹自友，等，2020. 美国马铃薯种薯生产及认证[J]. 作物研究，34（1）：86-90.

范国权，吕典秋，高艳玲，等，2018. 中国马铃薯种薯质量检测认证现状及建议[J]. 中国马铃薯，32（3）：184-190.

范国权，吕典秋，高艳玲，等，2018. 中国与英国马铃薯种认证程序与方案比较分析[J]. 中国马铃薯，4（6）：249-254.

邱彩玲，申宇，高艳玲，等，2019. 中国马铃薯种薯生产及质量控制[J]. 中国马铃薯，33（4）：249-254.

张薇，白艳菊，李学湛，等，2010. 马铃薯种薯质量控制现状与发展趋势[J]. 中国马铃薯，24（3）：186-189.

中华人民共和国国家质量监督检验检疫总局，中国国家标准化管理委员会，2013. 马铃薯种薯（GB 18133—2012）[S]. 北京：中国标准出版社.

第七章　乌兰察布马铃薯病虫草害防控技术

第一节　马铃薯病害

一、真菌性病害

（一）马铃薯晚疫病

1. 为害症状

马铃薯晚疫病是一种流行性、暴发性很强的真菌病害，可导致马铃薯茎叶死亡和块茎腐烂，主要侵染叶片、茎和薯块。叶片染病通常先在叶尖或叶缘产生水渍状褐色斑点，病斑周围具浅绿色晕圈（图7-1），湿度大时病斑迅速扩大，呈褐色，并产生一圈白霉，即孢囊梗和孢子囊，尤以叶背最为明显（图7-2）。茎部或叶柄染病现稍凹陷的褐色条斑（图7-3）。被侵染薯块表面有褐色小斑点，逐渐扩大，形成稍凹陷的淡褐色至紫褐色的不规则病斑（图7-4），发病严重的叶片萎垂、卷缩，终致全株黑腐，全田一片枯焦，散发出腐败气味。切开病薯可看到由表向内扩展（1cm左右）的一层锈褐色坏死斑。

图7-1　叶片正面为害症状

图7-2　叶片背面为害症状

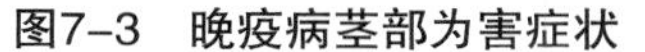

图7-3　晚疫病茎部为害症状

图7-4　晚疫病薯块为害症状

2. 发病规律

晚疫病病原菌为致病疫霉［*Phytophthora infestans*（Mont.）de Bary］，属鞭毛菌亚门，卵菌纲，疫霉属真菌。该病病菌主要以菌丝体在病薯中越冬，也可以卵孢子越冬。播种带菌薯块，导致种薯不发芽或发芽后出土即死去，或出苗后病菌再经维管束进入植株，引起地上部发病成为中心病株，然后向四周扩散、蔓延。病菌先侵染下部叶片，逐渐向上扩展。病菌的孢子囊借助气流和雨水进行传播与再侵染。气候条件对病害的发生和流行有极为密切的关系，昼夜温差大、凉爽、多雨、湿度大（相对湿度95%以上）有利于发病。发病与田间管理水平有很大关系，地势低洼、土壤黏重、种植过密（通风不良）、氮肥过多、排水不良的田块，有利于晚疫病的发生流行。

3. 防治措施

（1）选用无病种薯，切块播种。冬藏入窖、出窖、打破休眠、切块等过程中，每次都要严格剔除病薯，有条件的要建立无病留种地，无病菌薯块留种。播种前用药剂拌种，一般每100kg种薯用70%甲基硫菌灵50～60g，均匀掺入1.2kg滑石粉拌在薯块上。

（2）选用抗病品种。根据本地区的气候条件和地理条件选择适宜的抗病品种，乌兰察布地区抗病品种主要有青薯9号、冀张薯12号、克新1号等，具有较强抗病能力，晚疫病流行年，受害较轻，在一定程度上能有效抑制晚疫病蔓延。

（3）加强栽培管理。实行高垄栽培，合理密植。避免偏施氮肥，增施磷、钾肥。不要过量浇水，及时排除田间积水，降低田间湿度。

（4）加强马铃薯晚疫病监测预警系统应用。在马铃薯整个生育期内，加强乌兰察布马铃薯晚疫病监控预警系统的应用，通过田间小气候仪采集马铃薯田的温度、湿度、风速、风向、降水量等气象因素，配合软件实现远程数据传输和实时气象状况监测并作出马铃薯晚疫病趋势分析，实时分析马铃薯晚疫病菌的侵染情况，结合气候条件、生态环境等科学、准确预警马铃薯晚疫病发生时间、程度，适时指导防控。减少马铃薯晚疫病的用药次数、用药量，避免盲目用药，降低生产成本，减少农药对环境的污染。

（5）药剂防治。田间发现中心病株立即拔除并及时喷药。选用80%代森锰锌可湿性粉剂100～120g/亩、50%氟吗啉可湿性粉剂120～150g/亩、69%烯酰吗啉锰锌可湿性粉剂40g/亩、72%霜脲锰锌可湿性粉剂100g/亩、氟吡菌胺+霜霉威盐酸盐687.5g/L悬浮剂70～100g/亩、10%氟噻唑吡乙酮可分散油悬浮剂15～20mL/亩等药剂喷雾防治。为防止抗药性的产生，建议几种药剂轮换使用，或将治疗剂和保护剂结合使用。

（二）马铃薯早疫病

1. 为害症状

早疫病是马铃薯最普通、最常见的病害之一，干燥高温条件下常见此病发生。主要为害叶片，重时也为害薯块，叶片受害最初出现黑褐色小斑点，然后逐渐扩大形成褐色病斑，病斑具同心轮纹，圆形或近圆形，湿度大时生黑色霉层（图7-5）。一般多从植株下部老叶开始染病，逐渐向上蔓延，严重发病时大量叶片枯死，田间出现一片枯黄。茎、叶柄受害多发生于分枝处，病斑褐色，线条形，稍凹陷，扩大后呈灰褐色长椭圆形斑，有轮纹。块茎染病产生暗褐色稍凹陷圆形或近圆形病斑，边缘分明，皮下呈浅褐色干腐。

图7-5　早疫病叶片典型症状

2. 发病规律

该病病原菌为茄链格孢（*Alternaria solani* Sorauer），属链孢霉目，链格孢属真菌。病菌以分生孢子或菌丝体在病薯或土壤中的病残体上越冬，翌年种薯发芽病菌即开始侵染。带病种薯发芽出土后，其上产生的分生孢子借风、雨传播，并产生分生孢子进行多次再侵染使病害蔓延扩大。当叶片有结露或水滴时，分生孢子萌发，从叶片气孔、伤口或者穿透表皮直接侵入。病菌易侵染老叶片，遇有小到中雨或连续阴雨或湿度高于70%，该病易发生和流行。瘠薄地块及肥力不足、连作田发病重。通常温度在15℃以上，相对湿度在80%以上开始发病，25℃以上时只需短期的阴雨天，病害就会迅速蔓延。

3. 防治措施

（1）合理施肥，轮作倒茬。选择土壤肥沃的田块种植，实行轮作倒茬，增施有机肥，增施钾肥，提高寄主抗病能力，采取重病地与非茄科作物实行3年以上轮作。

（2）清除病株残体。清理田园，把残枝败叶运出地外掩埋，以减少侵染菌源，减轻病害的发生。施足肥料，加强管理，使植株生长健壮旺盛，增加自身抗病能力。

（3）药剂防治。喷药时最好将药液均匀喷洒到叶片正反面，使药液均匀附着，不下滴。发病初期喷施25%嘧菌酯悬浮剂40mL/亩、10%苯醚甲环唑水分散颗粒剂40g/亩、43%戊唑醇悬浮剂15mL/亩、80%代森锰锌可湿性粉剂100g/亩等进行防治。

（三）马铃薯黑痣病

1. 为害症状

黑痣病是一种真菌性种传和土传病害，主要为害幼芽、茎基部、匍匐茎、根及薯块。马铃薯黑痣病因受害部位不同而表现多样。幼芽受侵染时顶端出现褐色病斑，致使生长点坏死，俗称烂芽。苗期主要侵染地下茎，使地下茎上出现指印状或环剥的褐色溃疡面，同时使植株矮小或顶部丛生（图7-6）。中期茎基部表面产生灰白色菌丝层，易被擦掉，擦后下面组织生长正常。被感染的匍匐茎出现淡褐色病斑，使匍匐茎顶端不再膨大，不能形成薯块。若病斑绕匍匐茎一周，易引起新生小薯的脱落。当病斑绕茎一周时，叶片变黄，向上翻卷，并产生气生薯。受感染植株，根的数量减少，形成稀少的根条。成熟期侵害匍匐茎导致薯块畸形，严重影响产量，同时病原菌侵染薯块表面形成黑痣（图7-7）。

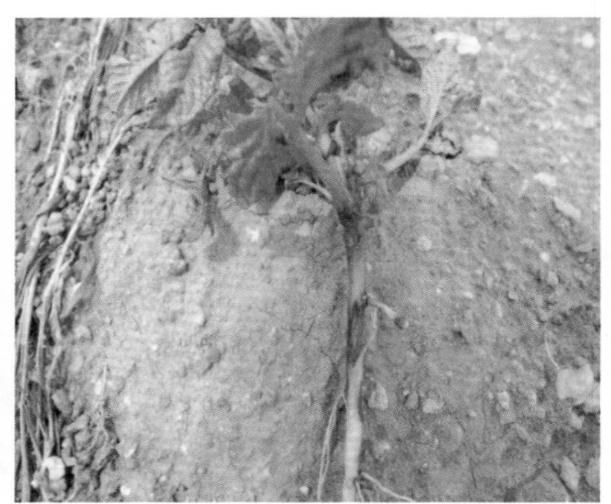

图7-6　马铃薯黑痣病成株期茎部症状

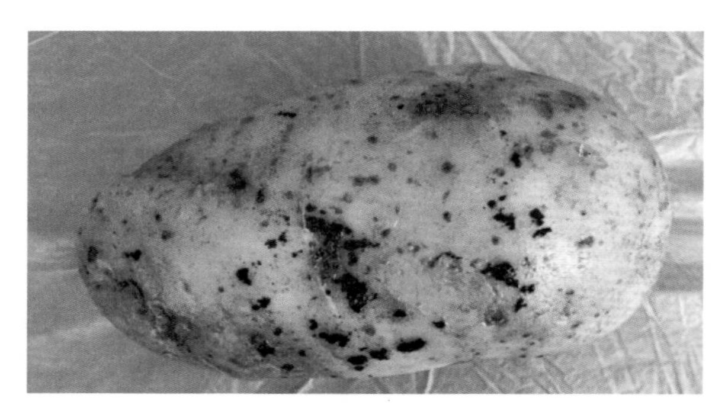

图7-7　马铃薯黑痣病薯块症状

2. 发病规律

黑痣病是由立枯丝核菌（*Rhizoctonia solani* kuhn）引起，属半知菌亚门丝核菌属真菌。该病菌以菌核随病薯或残落于土壤中越冬，抗逆性较强，在土壤中可存活2～3年，病菌可经风雨、浇水、农事操作等途径，通过自然孔口、伤口组织侵染、传播、蔓延。低温、潮湿、排水不良的地块发病重。尤其是播种早，地温低有利于发病。病区多年连作的地块发病率更高。

3. 防治措施

（1）选用无病种薯。在收获期、入窖前和播种前挑拣薯块，剔除表皮带有菌核的薯块，重病田收获的薯块不能做种薯。

（2）农业措施。由于菌核能长期在土壤中越冬存活，可与小麦、玉米、大豆等作物倒茬，实行3年以上轮作制，避免重茬。出苗前尽量避免浇水，以防土壤湿度过大。播前催芽，适时晚播和浅播，促进出苗，缩短幼芽在土壤中的时间，降低病菌侵染的概率。

（3）拌种处理。播前可用22.4%氟唑菌苯胺悬浮剂加水拌种，30mL药剂处理200kg种薯，或用4.45%咯菌腈+3.55%氟唑环菌胺悬浮剂拌种，80mL药剂处理200kg种薯。

（4）垄沟喷雾。播种时，沟施25%阿米西达（嘧菌酯）悬浮液60mL/亩，防治效果较好。

（5）灌根。在出苗后发现病株，用20%甲基立枯磷乳剂50～60mL/亩或25%阿米西达悬浮液60～80mL/亩灌根。

（四）马铃薯枯萎病

1. 为害症状

枯萎病是一种系统侵染性病害，对于农业生产有很大的为害，发病初期，中午高温时，叶片垂萎，与正常叶片有较大区别，肉眼可辨，清晨和晚上又会恢复正常。随着枯萎病的不断发展，叶片会由下而上逐渐枯死（图7-8）。剖开马铃薯茎部，可见维管束变为褐色或者黑褐色（图7-9）。湿度大时，病部常产生白色至粉红色菌丝，为害严重。

图7-8 马铃薯枯萎病大田为害症状

图7-9　马铃薯枯萎病茎部横切症状

2. 发病规律

该病由尖镰孢菌（*Fusarium oxysporum* Schlecht）引起，属壳霉目，杯霉科，尖镰孢菌属。病菌以菌丝体或厚垣孢子随病残体在土壤中或在带菌的病薯上越冬，翌年病部产生的分生孢子借雨水或灌溉水传播，从伤口侵入。田间湿度大的重茬地、低洼地易发病。枯萎病发病最适宜的温度为27～32℃，在20℃时病害发生趋于缓和，到15℃以下时不再发病。在高温干旱的条件下，植株生长势弱，病害发生较重，氮肥施用过多或者是偏酸性的土壤，有利于病害的扩展和蔓延。

3. 防治措施

（1）选用无病种薯。

（2）合理轮作。与小麦、玉米等禾本科作物进行3年以上轮作可减轻病害的发生。

（3）药剂防治。田间发病后，用70%噁霉灵可湿性粉剂50g/亩、12.5%增效多菌灵可溶剂30～50g/亩或用20%甲基立枯磷乳剂50～60mL/亩灌根防治。

（五）马铃薯黄萎病

1. 为害症状

马铃薯黄萎病是一种枯萎性病害，病株早期死亡，又称为“早死病”，严重影响马铃薯产量。该病害在马铃薯整个生育期均可发生。马铃薯植株感病后，通常下部叶片首先发病，逐渐沿植株向上发展；或者开始时只有一条茎或茎一侧的小枝叶片萎蔫。发病初期，病叶由叶尖沿叶缘以及主脉间出现褪绿黄斑，并从叶脉逐渐向内黄化，边缘变软，叶片下垂；随着病情加重，整个叶片由黄变褐干枯，全部复叶枯死，不脱落。发病初期根茎无明显症状，叶片上有明显症状的植株，根茎维管束首先变褐色，后期地上茎的维管束也变褐色。病薯自脐部开始，维管束变浅褐色或褐色，无水渍状特征。大部分病薯顶端的维管束不变色。纵切病薯时，多见“八”字形或半圆形的变色环（图7-10）。

图7-10　马铃薯黄萎病薯块为害症状

2. 发病规律

马铃薯黄萎病其病原菌共有6种，其中大丽轮枝菌（*Verticillium dahliae* Kleb.）致病性较强，为害重，侵染概率大，是马铃薯黄萎病的最常见病原菌。病菌以微菌核形式在土壤和病残体中越冬，病原菌主要存在于脐部、芽眼及表皮中，可通过带病种薯、包装物及病土进行远距离传播，也可通过雨水、灌溉水及人、畜携带近距离传播。病菌喜温暖（20～30℃）高湿的环境条件。灌水过多，不仅有利于病菌传播，而且能促使土温降低，导致根部伤口不易愈合；地势低洼，土质黏重、阴湿，施用未腐熟粪肥，均有利于马铃薯黄萎病发生，加重病情。

3. 防治措施

（1）严格控制种薯质量。马铃薯黄萎病可以通过种薯带菌传播，选用无病种薯。切种薯时，淘汰带病薯块，并及时将切刀用75%乙醇消毒，防止切刀传病。

（2）选用抗病品种。选用抗病品种，如大白花、青薯9号、克新1号等。

（3）轮作倒茬。与禾本科、豆科等作物实行3年以上轮作倒茬。

（4）药剂防治。可用10亿活芽孢/g枯草芽孢杆菌可湿性粉剂2kg拌种或滴灌、70%甲基托布津可湿性粉剂50～70g/亩浸种预防黄萎病。发病初期，也可用50%多菌灵可湿性粉剂30～50g/亩或50%苯菌灵可湿性粉剂50～70g/亩叶面喷雾防治。

（六）马铃薯干腐病

1. 为害症状

该病是贮藏期常见病害，病斑多发生在薯块脐部或伤口处。发病初期在块茎上出现褐色小斑，随后病斑逐渐扩大，局部变褐稍凹陷，形成同心轮纹，进一步造成块茎腐烂，在腐烂部分的表面，常形成由病菌菌丝体紧密交织在一起的凸出层，其上着生白色、黄色、粉红色或其他颜色的孢子团（图7-11）。后期薯块内部变褐色，剖开病薯可见空心，最后薯肉变为灰褐色或深褐色、僵缩、干腐、变轻、变硬，终致整个块茎僵缩或干腐。

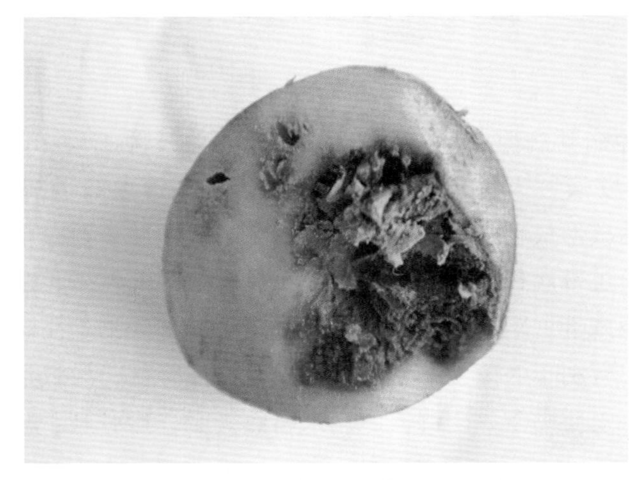

图7-11　马铃薯干腐病薯块外部症状

2. 发病规律

马铃薯干腐菌病菌有9个种和变种。其中茄病镰孢［*Fusarium solani* （Mart.）Sacc.］和串珠镰孢（*Fusarium Moniliforme* Sheldon）是优势种群且致病力强。病菌以菌丝体或分生孢子在病残组织、窖中或土壤中越冬，在土壤中可存活多年。在种薯表面繁殖存活的病菌可成为主要的侵染来源。条件适宜时，病菌依靠雨水溅射而传播，经伤口或芽眼侵入，又经操作或贮存薯块的容器及工具污染传播，扩大为害。病害在5～30℃温度范围内均可发生，以15～20℃为适宜。较低的温度，加上较高的相对湿度，不利于伤口愈合，会使病害迅速发展。通常块茎在收获时表现耐病，贮藏期间感病性提高。早春种植时达到高峰。播种时土壤过湿易于发病。收获期间造成伤口多则易受侵染。马铃薯不同品种间存在抗性差异。贮藏条件差，通风不良利于发病。

3. 防治措施

（1）生长后期和收获前减少浇水，保持田间干爽。收获时尽量减少伤口，可减轻贮运期块茎发病。

（2）晴天收获，避免受伤，晾干后入窖，窖藏中保持通风，贮藏入窖前清除病、伤薯；也可用杀菌剂（如多菌灵等）喷洒消毒种薯。贮藏早期适当提高温度，做好通风，促进伤口愈合；以后控制温度在1～4℃，减少发病。

（3）清洁窖体，熏蒸消毒。入窖前做好窖内清洁消毒工作，用点燃的硫黄粉熏蒸或用高锰酸钾与甲醛熏蒸，或用百菌清烟剂进行消毒处理。

（4）种薯切块后尽快播种，适当晚播，地温升高利于伤口愈合；用杀菌剂处理薯块，减少侵染源；用未污染的机具运送、播种种薯。

（七）马铃薯粉痂病

1. 为害症状

通常地上部分不表现出症状。初期症状为块茎表面出现小的、淡颜色的水疱状突起，后期这些突起变成黑色的2～10mm或稍大一些的开放式小疱，包括一些褐色粉状孢子群落（图7-12）。尽管病斑在形状上有差异，但大多呈圆形，并镶嵌于破裂的表皮之间，可能会形成直径约15mm的根瘿（图7-13），数量很大时会减弱植物的长势。

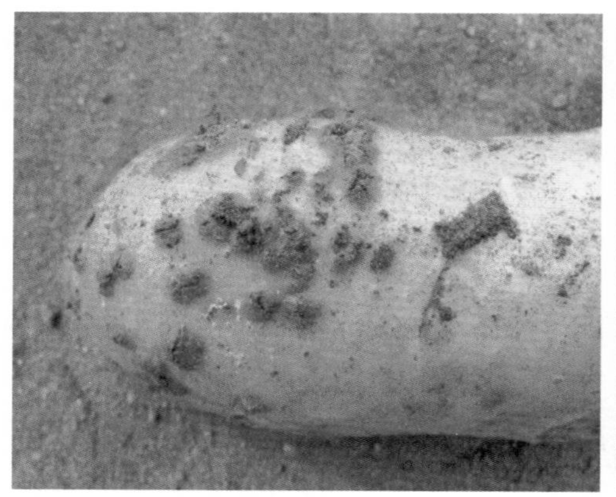

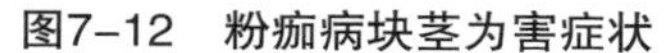
图7-12 粉痂病块茎为害症状

图7-13 粉痂病根部瘿瘤症状

2. 发病规律

引起该病的病原为根肿菌门，粉痂菌属，马铃薯粉痂菌［*Spongospora subterranean*（Wallr.）Lagerh.］。病菌由土壤和带有休眠孢子的块茎传播。在侵染的早期阶段，冷凉、潮湿的土壤，对块茎和根的侵染是有利的。休眠孢子囊在土壤里可以存活6年。从块茎和根侵染到瘿瘤形成的时间，在温度16～20℃时，少于3周。粉痂病在田间发生的土壤pH值的范围为4.7～7.6。

3. 防治措施

（1）加强植物检疫，严禁从病害发生区调种。

（2）推广抗病品种，但是还没有免疫品种，种植无病种薯。

（3）根据气候和土壤条件，进行3～10年的轮作。

（4）增施基肥或磷钾肥，多施石灰或草木灰，改变土壤pH值。加强田间管理，提倡高畦栽培，避免大水漫灌，防止病菌传播蔓延。种植在通透性和排水良好的土壤里，避免种植在带菌土壤上。

（5）不使用饲喂染病块茎的动物粪便作肥料。

二、细菌性病害

（一）马铃薯黑胫病

1. 为害症状

黑胫病是一种种传或土传的病害。在田间造成缺苗断垄及块茎腐烂，还可在温度高的薯窖内引起严重烂薯。马铃薯幼芽染病，节间短缩，叶片黄化，上卷，茎基以下部位组织发黑腐烂，故称为马铃薯黑胫病。成株期马铃薯黑胫病的症状出现迅速，晴天更为明显，叶片凋萎下垂，发病早、发病重的可全植株凋萎，不结薯。最明显的症状是茎基变为褐色，变黑的茎迅速软化腐烂，茎秆极易从土中拔出，拔出后可见顶端带有母薯的腐烂物（图7-14）。发病茎秆常自动开裂。后期植株矮化变黄，叶片向上翻转，茎基棕色或棕黑色，茎秆破裂后出现大量黏液。种薯染马铃薯黑胫病腐烂成黏团状，不发芽，或刚发芽即烂在土中，不能出苗。田间块茎发病始于脐部，纵切薯块，病部黑褐色，呈放射状向髓部扩展；横切薯块可见维管束呈黄褐色，用手挤压病部，薯皮和薯肉不分离（图7-15）。

图7-14　马铃薯黑胫病茎部为害状

图7-15　马铃薯黑胫病薯块内部为害状

2. 发病规律

该病病原菌为欧式杆菌属马铃薯黑胫病菌［*Erwinia carotovora* subsp. *atroseptica*（Van Hall）Dye］。带菌种薯和田间未完全腐烂的病薯是黑胫病的初侵染源，土壤一般不带菌。病菌主要依靠带菌种薯传播，通过伤口侵入植株，用刀切种薯是病害扩大传播的主要途径。田间病菌也可通过灌溉水或雨水传播。土壤黏重而排水不良的土壤发病重，气温较高时发病重。窖藏期间，窖内通风不良，高温高湿，有利于细菌繁殖和为害，往往造成大量烂薯。播种前，种薯切块堆放在一起，不利于切面伤口迅速形成木栓层，发病率增高。

3. 防治措施

（1）严格挑除病薯，并在合适的温湿度下贮藏。收获后，种薯入库、出库、切块时，都要注意严格淘汰病薯。选用无病种薯，种薯切块后用中生菌素或细刹拌种。

（2）播前进行种薯处理。提前出库，堆放在室内晾种或催芽晒种，促使病薯症状的发展和暴露，便于病薯的淘汰。

（3）切刀消毒。将切刀置于0.5%高锰酸钾溶液8～10min或75%乙醇30s消毒，可预防黑胫病的发生。

（4）田间拔出病株。从幼苗出土以后，注意田间病害发生情况，发现有病株时应及时拔掉，拔除病株的空穴应用生石灰消毒，将拔掉的病株深埋土中，以免再传染。

（5）适时早播、整薯播种、轮作倒茬可减轻为害。

（6）药剂防治。发病初期用77%氢氧化铜可湿性粉剂150～200g/亩喷雾防治。

（二）马铃薯疮痂病

1. 为害症状

马铃薯疮痂病是由放线菌引起的一种病害。该病主要为害马铃薯块茎。发病初期块茎表面先产生近圆形至不定形木栓化疮痂状淡褐色细小隆起的病斑或斑块，扩大后形成褐色圆形或不规则形疮痂状病斑，病斑中央凹入，边缘突起，仅限于表层，不深入薯内（图7-16）。病斑有扁平、凸起、深裂、网状4种类型，会造成马铃薯品相不好，降低商品价值。

图7-16　马铃薯疮痂病薯块症状

2. 发病规律

疮痂病病原菌为疮痂链霉菌［*Streptomyces scabies*（Thaxter）Waks.et Henvici］，属放线菌。病菌在土壤中腐生或在病薯上越冬。块茎生长的早期表皮木栓化之前，病菌从皮孔或伤口侵入后染病，当块茎表面木栓化后，侵入则较困难。病薯长出的植株极易发病，健薯播入带菌土壤中也能发病。中性或微碱性沙壤土易发病。一般在高温干旱条件下疮痂病发病加重。品种间抗病性有差异，白色薄皮品种易感病，褐色厚皮品种较抗病。

3. 防治措施

（1）选用无病种薯，严格禁止从病区调种。

（2）合理施肥。多施有机肥，可抑制发病。选择保水好的地块种植，结薯期遇干旱应及时浇水。

（3）注重轮作。重病区可与谷类作物包括禾本科或保水性好的豆科、葫芦科实行轮作。宜选土壤微酸，既能排水防涝，又能抗旱保湿地块为佳。

（三）马铃薯软腐病

1. 为害症状

马铃薯软腐病主要在生长后期、贮藏期对薯块为害严重。受害块茎初在表皮上显现水浸状小斑点，以后迅速扩大，并向内部扩展，呈现多水的软腐状。

腐烂组织变褐色至深咖啡色。组织内的菌丝体开始白色，后期变为暗褐色。湿度大时，病薯表面形成浓密、浅灰色的絮状菌丝体，以后变灰黑色，间杂很多黑色小球状物（孢子囊），后期腐烂组织形成隐约的环状。在30℃以上时，病薯内部组织崩解，质地软化，糜烂软腐，往往溢出多泡状黏稠液，发出恶臭（图7-17），腐烂过程中若温度、湿度不适则病斑干燥，扩展缓慢或停止，呈灰色粉渣状，常与干腐病复合发生，引起较大损失。

图7-17　马铃薯软腐病薯块内部症状

2. 发病规律

引起该病的病原菌有3种。胡萝卜软腐欧文氏菌胡萝卜软腐致病变种［*Erwinia carotovora* subsp. *Carotovora*（Jones）Bergey et al.］、胡萝卜软腐欧文氏菌马铃薯黑胫亚种［*E.carotovora* subsp. *Atroseptica*（VanHall）Dye］及菊欧氏菌（*E.chrysanthemi* Burkholder，McFadden et Dimock）。病菌是典型的腐生菌，分布广泛，可在病株残体上或贮藏器官上以菌丝状态腐生存活。条件适宜时，随时生长，产生孢子囊，散出孢囊孢子，借气流、雨水、灌溉及农事操作等传播扩散。病菌由伤口、自然裂缝、幼根传入薯块或植株发生侵染。病菌侵入降解细胞壁中间层，分泌果胶酶，引起病部组织细胞迅速解体而软化腐烂。在20～40℃温度下均可发展，温度23～28℃，相对湿度80%以上，病害易发生。低温情况下，病菌生长明显受抑制。薯块收获和贮运期间造成伤口多，受侵染概率高发病重。贮藏过程中温度过高、通风不良且湿度过大病害严重。带菌种薯是该病远距离和季节间传播的主要来源。

3. 防治措施

（1）加强田间管理。增施磷肥提高组织酚含量，有利于增强薯块抗病力。及时拔除病株，并用石灰消毒减少侵染源。

（2）收获前少浇水，保持薯块适度含水量和较高的伤愈能力；收获时尽量避免块茎上造成机械伤，减少侵染。

（3）窖贮时，注意做好通风，降低湿度，缓解病害侵染和发展。

（四）马铃薯环腐病

1. 为害症状

近些年，乌兰察布地区马铃薯环腐病发生面积较小。马铃薯植株地上部染病分枯斑和萎蔫两种类型。枯斑型多在植株基部复叶的顶叶先发病，叶尖和叶缘及叶脉呈绿色，叶肉为黄绿或灰绿色，具明显斑驳，且叶尖干枯或向内纵卷，病情向上扩展，致全株枯死（图7-18）；萎蔫型初期从顶端复叶开始萎蔫，叶缘稍内卷，似缺水状，病情向下扩展，全株叶片开始褪绿，内卷下垂，终致植株倒伏枯死。块茎发病切开可见维管束变为乳黄色至黑褐色，皮层内现环形或弧形坏死部，故称环腐。经贮藏块茎芽眼变黑干枯或外表爆裂，播种后不出芽或出芽后枯死或形成病株。病株的根、茎部维管束常变褐，病蔓有时溢出白色菌脓。

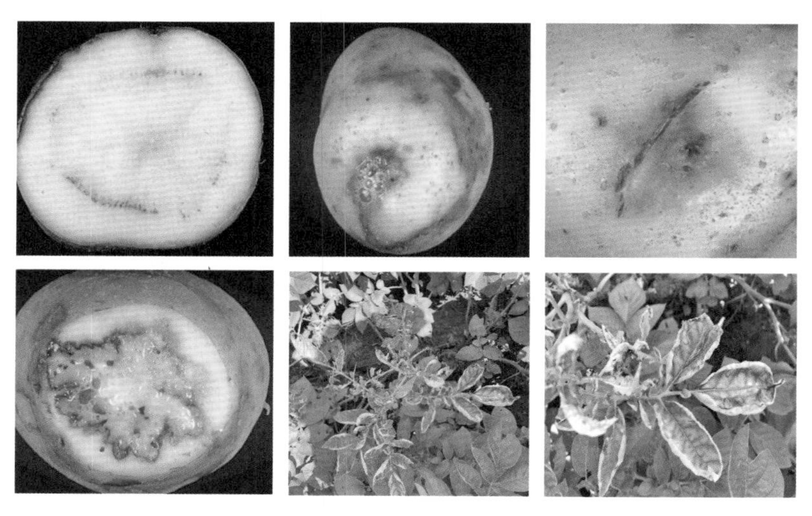

图7-18　马铃薯环腐病为害症状

2. 发病规律

马铃薯环腐病，病原为密执安棒杆菌马铃薯环腐致病变种［*Clavibacter michiganense* subsp. *sepedonicum*（Spieckermann & Kotthoff）Davis, Gillaspie, Vidaver & Harris］，异名环腐棒杆菌［*Corynebacterium sepedonicum*（Spieckermann & Kotthoff）Skaptason & Burkholder］。环腐病菌在种薯中越冬，成为翌年初侵染来源。病菌主要靠切刀传播，经伤口侵入，受到损伤的健薯只有在维管束部分接触到病菌才能感染。昆虫、水流对病害传播作用不大。病薯播种后，病菌在块茎组织内繁殖到一定的数量后，部分芽眼腐烂不能发芽。出土的病芽中，病菌沿维管束上下扩展，引起地上部植株发病。马铃薯生长后期，病菌可沿茎部维管束经由匍匐茎侵入新生的块茎，感病块茎作种薯时又成为下一季或下一年的侵染来源。

3. 防治措施

（1）加强检疫。在调种时应进行产地检疫，严格执行种薯检疫措施，证明确实无病，方可调用。

（2）选育抗病、耐病品种。建立无病留种基地、繁育无病种薯，尽可能采用整薯播种，大力推广和使用脱毒种薯。

（3）切刀消毒。种薯切块时，将切刀浸泡在0.5%高锰酸钾溶液或75%乙醇中消毒，严格做到一刀一薯。

（4）结合中耕培土，及时拔除病株，带出田外集中处理。

（五）马铃薯气生型茎腐病

1. 为害症状

马铃薯气生型茎腐病发病初期，植株的茎基部变色，出现水渍状腐烂（腐烂部位可能会变黑），植株叶片萎蔫（图7-19），严重时茎基部折断或者撕裂，病害从茎基部的伤口侵入向下蔓延扩展至地下茎，使地下茎腐烂，有时可侵染块茎使块茎腐烂；也可从伤口部位向上传播，导致植物萎蔫，枯死。气生型茎腐病在高温高湿季节为害严重。

图7–19　马铃薯气生型茎腐病为害症状

2. 发病规律

马铃薯气生型茎腐病病原菌为果胶杆菌属（*Pectobacterium* spp.）细菌，依据其寄主范围、生理生化和分子特征，将其分为5个种，分别为*Pectobacterium carotovorum* subsp. *carotovorum*，*Pectobacterium atrosepticum*，*Pectobacterium wasabiae*，*Pectobacterium betavasculorum*和*Pectobacterium carotovorum* subsp. *brasiliense*。根据相关文献报道，其地理分布有很大不同。病害通过飞溅的雨水、喷雾器、机械、相邻病株、带病原菌的昆虫都可传播；已经感染病害的植株，若内部、外部已经腐烂，在杀秧后病原菌可能会出现暴发式的繁殖。

3. 防治措施

（1）对器械进行消毒。播种机、拖拉机、切种机等进行化学消毒或者利用次氯酸钠、二氧化氯、双氧水消毒。

（2）加强田间管理。避免过度浇水及过度施用氮肥，控制秧苗过度增长。在培土（中耕）及其他农事操作时避免造成茎损伤。

（3）药剂防治。利用可杀得3000单剂80～100g/亩进行叶面喷雾，也可用可杀得3000 60g/亩结合噁唑菌酮（抑快净）35～40g/亩喷雾防治。

三、马铃薯病毒病

（一）为害症状

马铃薯病毒病种类很多，在乌兰察布地区常见的类型主要有马铃薯X病毒病（简称PVX）、马铃薯Y病毒病（简称PVY）、马铃薯卷叶病毒病（简称

PLRV）、马铃薯S病毒病（简称PVS）等。多种病毒常混合侵染可造成叶片卷曲、皱缩、坏死。病毒病可导致种薯严重退化，产量锐减。

1. 马铃薯X病毒病

马铃薯X病毒病又称普通花叶病毒病或轻花叶病毒病。通常的症状叶片易见黄绿相间的轻花叶，有时产生斑驳或坏死斑，叶片颜色深浅不一，但叶片平展不变小，不变形（图7-20）。斑驳花叶常沿叶脉扩展，有时在叶片褪绿部位产生坏死斑。

图7-20　马铃薯X病毒病花叶症状

2. 马铃薯Y病毒病

马铃薯Y病毒病又称条斑病毒、沿脉变色病毒、顶端坏死病毒和重花叶病毒（图7-21）。马铃薯Y病毒是引起马铃薯退化的重要病毒。病毒毒株不同和品种不同，表现则差异较大。部分敏感品种，常在叶片背面叶脉上引起坏死条斑，有的也可在叶柄和茎上形成坏死条斑。

图7-21　马铃薯重花叶症状

3. 马铃薯卷叶病毒病

卷叶病毒病典型的症状是叶缘向上弯曲，病重时呈圆筒状，侵染初期顶部嫩叶直立、黄化，小叶脉沿叶脉向上卷曲，小叶基部边缘常呈紫红色。感病种薯播种出苗后，植株下部叶片卷曲，僵直，革质化，边缘坏死，随后上部叶片出现卷曲、褪绿。

4. 马铃薯S病毒病

马铃薯S病毒又称马铃薯轻皱缩花叶病毒或隐潜花叶病毒。不同品种和病毒株系症状有所不同，在多数品种上引起叶脉颜色变深，叶片粗糙，叶尖下垂。有的品种后期叶片会出现严重皱缩（图7-22）。

图7-22　马铃薯皱缩花叶症状

（二）发病规律

带毒种薯是田间初侵染来源，高温干旱是病毒病发生和流行的主要条件，病害发生的轻重与种薯带毒率关系密切。病毒通过蚜虫或汁液接触等方式传播，蚜虫传毒效率与病株上取毒时间长短有关，病健株在自然界中相互接触，可以传播病毒，使用级别低的种薯，病害发生严重，损失较大。马铃薯被病毒侵染后，影响发育的程度取决于湿度高低，高温有促进病毒增殖的作用。病毒在植株体内的运转速度与株系、感染时间、品种特性及植株体内是否含有其他病毒侵染均有关系，在发育早期感染病毒，很容易运转到新生块茎中，在发育后期感染病毒，很可能运转不到新生块茎中。感染病毒的马铃薯通过块茎无性繁殖进行世代积累和传递，致使块茎种性变劣，产量不断下降，品质退化，甚至失去利用价值，不能留种再生产。

（三）防治措施

1. 种植脱毒无毒良种

防治的关键是生产中使用合格的脱毒种薯，从源头控制病毒病的发生和为害。

2. 采用合理栽培措施

选用抗病品种，避免偏施氮肥，增施磷、钾肥，拔除病株，高垄栽培，注意中耕除草等综合防治措施。

3. 防治传毒媒介

加强预测预报，掌握蚜虫发生动态，可采用70%吡虫啉可湿性粉剂5g/亩，或2.5%溴氰菊酯乳油10～20mL/亩、20%氰戊菊酯乳油10～20mL/亩、1.8%阿维菌素乳油15～20mL/亩等进行叶面喷施，每隔7～10d喷洒1次，连防2～3次。

4. 药剂防治

发病初期用6%寡糖·链蛋白可湿性粉剂75～100g/亩、1.5%植病灵2号乳剂30～40mL/亩、7.5%菌毒吗啉胍水剂40～60mL/亩防治。

四、马铃薯生理性病害

（一）粉红芽眼病

1. 为害症状

粉红芽眼病最典型的症状为在块茎顶部的芽眼周围出现粉红色病斑，后变成褐色，只为害块茎表面但有时也能扩展到块茎内部。在薯块形成到收获期间，土壤湿度大，症状明显。典型的粉红变色区容易在潮湿土壤中刚挖出的薯块上看到，在干燥、未洗净的薯块上难以观察到。

2. 发病规律

田间土壤高温、高湿有利于粉红色芽眼病的发生，贮藏在高温、高湿条件下，病薯容易发生腐烂。

3. 防治措施

（1）遇降大到暴雨后要及时中耕松土，降低土壤含水量。

（2）薯块贮藏在冷凉较干燥的窑内，使病组织变干，防止薯块腐烂。

（二）生理性叶斑病

1. 为害症状

马铃薯生理性叶斑病俗称“六月病”，一般在大风、大雨过后出现，发病比较迅速、迎风面坡地发病较重。生理性叶斑病主要发生在植株中下部叶片，发病叶片上病斑较多且较密集，发病初期呈水浸状斑点，后逐渐形成近圆形或不规则形褐色或黑褐色病斑，有光泽，病斑周围无晕圈、无霉层、无菌脓菌胶等症状。田间土壤高温、高湿有利于粉红色芽眼病的发生，贮藏在高温、高湿条件下，病薯容易发生腐烂。

2. 发病规律

马铃薯生理性叶斑病在马铃薯幼苗期和旺长期发病较重，该病主要由大风降雨所致。

3. 防治措施

（1）选择抗病性强、早熟的品种。

（2）加强田间管理，施足底肥并增施磷钾肥，提高植株抗病能力；土地要求平整，旱能浇、涝能排。

（3）可适当提早播种。

（4）发生严重的地块，可喷施以磷钾为主要成分或能提高植株抗逆性的叶面肥。

（三）畸形薯

1. 为害症状

畸形块茎由于块茎发生二次生长而形成。块茎最初在不良条件下膨大后，因为环境条件改善，块茎重新生长产生畸形。畸形的主要症状包括形成不规则生长；在块茎的芽眼部位凸出形成瘤状小薯；在靠近块茎顶部形成“细脖”哑铃形块茎等。

2. 发病规律

在块茎生长期，由于前期高温干旱使块茎停止生长，甚至进入休眠期，薯块表皮木栓化，形成周皮，随后由于降雨或灌水，恢复了适宜的生长环境，形成周皮的薯块不能再继续膨大，吸收的养分就运输到能够继续生长的芽眼、块茎顶端等部位，形成畸形薯。

3. 防治措施

（1）增施有机肥，增加土壤肥力。

（2）适当深耕、注意中耕，保持土壤良好的透气性。

（3）土壤保持湿润不见干为度，干旱时注意浇水。

五、马铃薯缺素症

1. 缺氮

缺氮时，植株生长缓慢，茎秆细弱矮小，分枝少，生长直立。叶片首先从植株部开始呈淡绿或黄绿色，并逐渐向植株顶部扩展，叶片变小而薄，略呈直立，每片小叶首先沿叶缘褪绿变黄，并逐渐向小叶中心部发展。严重缺氮时，基部老叶全部失去绿色而呈淡黄色或黄色，干枯脱落，全株只有顶部会有少许绿色叶片，且叶片小而上卷。

这主要是由于土壤中的肥力不足，尤其是有机质的含量较低引起的。

2. 缺磷

磷素缺乏在马铃薯生育初期症状明显，植株生长缓慢，植株矮小或细弱僵立，缺乏弹性，分枝减少，叶片和叶柄均向上竖立，叶片变小而细长，叶缘向上卷曲，叶色暗绿而无光泽。严重缺磷时，植株基部小叶的叶尖首先褪绿变褐，并逐渐向全叶发展，最后整个叶片枯萎脱落，症状表现从基部叶片开始出现，逐渐向植株顶部扩展。缺磷还会使根系和匍匐茎数量减少，根系长度变短，块茎内部发生锈褐色的坏死斑，随着缺磷程度的加重，分布亦随之扩展，但块茎外表与健薯无显著差异。

缺磷的主要原因是由于土壤为重质土，土壤结块会导致磷处于不可供给的状态，而轻质土本身含磷量就少，这都会导致植株缺磷。

3. 缺钾

缺钾现象常易在轻沙土和泥炭土环境中发生。钾素不足，植株生长缓慢，甚至完全停顿，节间变短，植株呈丛生状；小叶叶尖萎缩，叶片向下卷曲，叶表粗糙，叶脉下陷，中央及叶缘首先由绿变为暗绿，进而变黄，最后发展至全叶，并呈古铜色。叶片暗绿色是缺钾的典型症状。症状从植株基部叶片开始，逐渐向植株顶部发展，当底层叶片逐渐干枯，而顶部心叶仍呈正常状态。缺钾还会造成匍匐茎缩短，根系发育不良，吸收能力减弱，块茎变小，块茎内呈灰色晕圈，淀粉含量降低，品质差。

引发原因主要是种植地的土壤为沙质土、泥炭土等，这类土壤钾含量较低，不能满足马铃薯的生长需要。

4. 缺镁

镁缺乏是由于叶绿素不能合成，从植株基部小叶边缘开始由绿变黄，进而叶脉间逐渐黄化，而叶脉还残留绿色。严重缺镁时，叶色由黄变褐，叶肉变厚而脆并向上卷曲，最后病叶枯萎脱落。病症从植株基部开始，渐进于植株上部叶片。

马铃薯缺镁主要是由于土壤的酸度较高，或者使用了高浓度的含氮营养物质的肥料，提高了镁化合物的溶解度，导致镁的吸收量不足。

5. 缺钙

当土壤缺钙时，分生组织首先受害，细胞壁的形成受阻，影响细胞分裂，表现在植株形态上是幼叶变小，小叶边缘淡绿，节间显著缩短，植株顶部呈丛生状。严重缺钙时，其形态症状表现为叶片、叶柄和茎秆上出现杂色斑点，叶缘上卷并变褐色，进而主茎生长点枯死，而后侧芽萌发，整个植株呈丛生状，小叶生长极缓慢，呈浅绿色，根尖和茎尖生长点（尖端的稍下部位）溃烂坏死，块茎缩短、畸形，髓部呈现褐色而分散的坏死斑点，失去经济价值。

这在几乎不含有钙化合物的轻沙质土壤种植马铃薯要比重质土壤中出现的症状早。

6. 缺铁

缺铁使马铃薯植株易产生失绿症，幼叶先显轻微失绿症状，变黄、白化，顶芽和新叶黄、白化，新叶常白化。初期叶脉颜色深于叶肉，并且有规则地扩展到整株叶片，继而失绿部分变为灰黄色。严重缺铁时，叶片变黄，甚至失绿部分几乎变为白色，向上卷曲，但不产生坏死的褐斑，小叶的尖端边缘和下部叶片长期保持绿色。

这是由于土壤磷肥施加过量，或者土壤碱性过大影响铁的吸收和运转。

7. 缺硼

硼是马铃薯生长发育不可缺少的重要微量矿质元素之一，它对马铃薯有明显的增产效果。硼的主要生理功能是促进碳水化合物的代谢、运转和细胞的分裂，进而加速了植株的生长，叶面积的形成，促进了块茎淀粉和干物质的积累，提高块茎产量。硼素缺乏植株生长缓慢，叶片变黄而薄，并下垂，茎秆基部有褐色斑点出现，根尖顶端萎缩，支根增多，影响根系向土壤深层发展，抗旱能力下降主要是由于土壤酸化，石灰的使用过量造成的。

第二节　马铃薯虫害

为害马铃薯的害虫种类繁多，大多数害虫取食马铃薯茎叶，取食薯块的相对较少，也有一些害虫传播病毒。害虫大多能进行远距离传播，条件适宜时繁殖速度惊人，可在短时间内造成巨大的经济损失。

多数害虫在不同的场所完成生活史，可能在某个生活时期寄生马铃薯，研究其生活史对虫害的防治意义重大。在马铃薯虫害的防治中，由于虫害大多好识别，可以结合田间监测，使用杀虫剂来控制虫害。

一、地下害虫

（一）金针虫

1. 症状

金针虫可钻入茎髓部取食，也可取食薯肉，在薯块表面留下大量圆形孔洞（图7-23）。

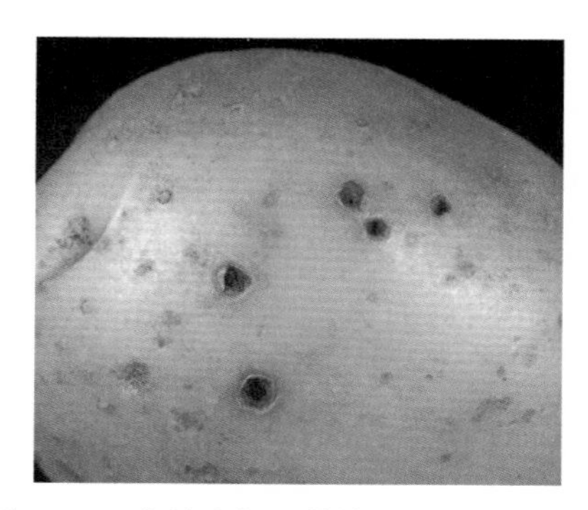

图7-23　金针虫侵入薯块留下的圆形孔洞

2. 形态特征及发生规律

金针虫是叩头科磕头虫（图7-24）的幼虫。将磕头虫背朝下平放时，它会将自身弹起，弹起时发出清脆的响声酷似“磕头”，故得此名。成虫在春天或者早夏产卵，一批50～150个。几周后，卵孵化产生幼虫。起初，幼虫透明（长度1～2mm）不易被发现，后来颜色逐渐变深呈金褐色（图7-25）。幼虫头部黑褐色，咀嚼式口器，虫体呈圆柱形，有坚硬的外壳，头后方长有三对足。金针虫的生活史需要4～5年完成。幼虫会在夏末秋初进行2次蜕皮，经历2～3年，体长20～40mm时，为害马铃薯。

图7-24　金针虫成虫（磕头虫）

图7-25　金针虫幼虫

金针虫为害马铃薯一般是在蜕皮前的春天或者早秋。成熟时，它们会钻入土壤深处，搭建自己的“巢穴”完成化蛹，一个月后成虫便会出现。金针虫的卵在草场很常见，尤其是多年草地。这样的地块，如果种植马铃薯，虫害就会发生。在作物种植的前2～3年，金针虫主要取食土壤中腐烂的有机质。种植几年马铃薯后，土壤中腐烂有机质减少，金针虫便会取食马铃薯，造成为害。

3. 防治措施

（1）播种前进行田间调查。例如，在网袋或者有孔的容器中放入完整的谷物作为诱饵，随机选点，将其埋入15cm左右的土壤中。几天后取出，调查金针虫数量。依据当地具体情况，以及对作物品质的要求，采取合理的防治措施。

（2）如果条件允许，可考虑休耕，晾晒土壤，减少土壤金针虫数量。

（3）由于金针虫喜欢潮湿土壤，故田间管理时，要考虑做好田间排水工作。另外，做好杂草清理工作，保证生产田干净整洁。

（4）种植前，土壤喷施48%毒死蜱（乐斯本）200mL/亩，施药后立即旋入土壤中。

（5）70%噻虫嗪可分散粉剂（锐胜）拌种，30g/200kg种薯；或600g/L吡虫啉悬浮剂（高巧），播种时沟施50mL/亩；或5%辛硫磷颗粒剂，播种时沟施4～5kg/亩。

（二）地老虎

1. 症状

幼虫取食马铃薯幼嫩的茎部组织，地上部偶尔会出现萎蔫。茎基部有时会被啃断，导致植株死亡（图7-26）。幼虫取食薯块，留下不规则的小洞，影响马铃薯商品性。成虫对马铃薯的为害较轻。

图7-26　小地老虎幼虫为害后地上部症状

2. 形态特征及发生规律

地老虎属鳞翅目，夜蛾科，杂食性昆虫，幼虫可为害马铃薯。地老虎种类多样，主要有小地老虎、大地老虎和黄地老虎。以小地老虎为例，幼虫生长在土里的叫陆生地老虎，取食叶片为生的叫食叶地老虎，取食茎秆的叫“打孔”地老虎。地老虎幼虫呈暗绿色或者暗褐色，表面光滑无毛，长度为4～5cm，节上有黑斑（图7-27）。不同种类地老

图7-27　小地老虎幼虫

虎节的数量和节上的斑点存在差异。喜欢疏松潮湿的土壤，成虫一般在夜间活动，幼虫和蛹都有冬眠现象。

3. 防治措施

（1）深耕土地，将地下幼虫翻出，经太阳暴晒或者冬季冷冻，杀死幼虫，减少土壤幼虫基数。

（2）使用频振式杀虫灯，诱捕成虫。或配制糖醋诱杀液，诱杀成虫。

（3）幼虫3龄前，可用50%辛硫磷乳油60～80mL/亩灌根或48%毒死蜱乳油（乐斯本）20～40mL/亩结合引诱剂，地表或者叶面喷施。

（三）蛴螬

1. 症状

幼虫取食马铃薯地下茎、根及薯块。幼虫取食薯块，留下不规则的小洞，影响马铃薯商品性。

2. 形态特征及发生规律

蛴螬是金龟子的幼虫，鞘翅目，金龟总科。幼虫长2～5cm，亮白色，体肥大，体形弯曲呈“C”形，多为白色，少数为黄白色。头部呈褐色，生有左右对称的刚毛，刚毛数量的多少常作为分种的特征，上颚坚硬突出，腹部肿胀发黑，具有三对胸足。体壁较柔软多皱，体表疏生细毛（图7–28）。

图7–28 蛴螬幼虫

蛴螬繁殖一代需要1～2年，幼虫和成虫在土中越冬。成虫白天藏在土中，晚上进行取食等活动。蛴螬有假死和负趋光性，并对未腐熟的粪肥有趋性。

3. 防治措施

见金针虫防治措施。

（四）蝼蛄

1. 症状

蝼蛄以成虫或若虫取食马铃薯种子和幼苗，造成缺苗、断垄；也咬食幼根和匍匐茎，使幼苗生长不良甚至死亡。

2. 形态特征及发生规律

蝼蛄，直翅目，蝼蛄科，主要类型有华北蝼蛄（主要分布在我国北方）、东方蝼蛄和普通蝼蛄（仅分布在新疆）。蝼蛄的触角比体长短，前足宽阔粗壮，具四齿。中足为一般的步行式后足脚。覆翅短小扇形，尾须较长（图7-29）。雌虫在土壤中挖穴产卵，卵数达200～400粒。1龄若虫由雌虫抚育，之后离开雌虫。以华北蝼蛄为例，在我国北方，一般3年发生一代。幼虫和成虫都在土壤越冬（入土70mm左右）。翌年春天蝼蛄开始活动，4月是为害高峰期，9月为第二次为害高峰。耕作、灌溉等农事操作，可减少土壤中蝼蛄的数量。

图7-29　蝼蛄成虫

3. 防治措施

见金针虫防治措施。

二、地上害虫

（一）蚜虫

1. 症状

蚜虫主要取食马铃薯茎叶汁液，可造成植株顶端新生叶片卷缩，上卷的叶片上呈现浅绿色斑点，叶片边缘出现紫色的坏死斑。

2. 形态特征及发生规律

侵染马铃薯的蚜虫种类繁多，有马铃薯桃蚜（*Myzus persicae*）、马铃薯蚜（*Macrosiphum euphborbiae*）、马铃薯长管蚜（*Aulacorthum solani*）、鼠李马铃薯蚜（*Aphis nasturtii*）。蚜虫为害主要表现在两点：第一，传播病毒；第二，吸食马铃薯茎叶汁液。

马铃薯桃蚜（图7-30）是最主要的病毒传播媒介，可传播多种病毒。它的腹管锐利，而且活动频繁，携带病毒在植株间传播。其他蚜虫如马铃薯蚜传播病毒能力较弱，但它们取食植株造成的为害不能忽视，为害严重时，可造成减产达60%。蚜虫有时也侵染马铃薯地下组织，如马铃薯囊管蚜（*Rhopalosiphon latysiphon*）可侵染马铃薯匍匐茎。

图7-30　马铃薯桃蚜

蚜虫的生活史受种类和环境条件因素的影响而多种多样。以马铃薯桃蚜为例，在温带地区，孤雌世代和两性世代交替出现。蚜虫在木本寄主中越冬，交配后的虫卵在春天孵化出双倍体的雌虫，一个雌虫会胎生出50多个无翅后代。无翅后代会在木本寄主上生活至长出翅膀，然后取食马铃薯在内的其他作物。在第二个寄主植物上，无翅的一代会交配产生双倍体。有翅的蚜虫在田间活动。当日照缩短，气温下降时，飞回先前的木本寄主植物。有翅性母卵胎生出雌性后代与有翅雄虫交配，产生虫卵。在一些地区，单个雄性只有与雌性交配后才可产生后代。在温暖的地区，马铃薯桃蚜只进行无性繁殖，因此，在马铃薯贮藏库或者催芽室也可能出现蚜虫。

3. 防治措施

（1）利用天敌，如瓢虫、草蛉等取食蚜虫。

（2）使用杀虫剂是防治蚜虫最主要的手段。推荐杀虫剂及用法用量：25%噻虫嗪水分散粒剂（阿克泰）8～15g/亩，叶面喷施；70%吡虫啉水分散粒剂5g/亩，叶面喷施；22%氟啶虫胺腈悬浮剂（特福力）10mL/亩，叶面喷施；4.5%高效氯氰菊酯乳油50mL/亩，叶面喷施。要注意不同种类的药剂交替使用，同一类型药剂最多连续使用2次，以防蚜虫产生抗药性。防治蚜虫时可多次叶面喷施绿颖矿物油100～150mL/亩，抑制病毒的扩散。矿物油最好不要与其他药剂混用。

（3）使用诱蚜黄皿监控蚜虫，根据蚜虫的消长曲线，提前用药，可降低防治成本，减少病毒传播，降低损失。

（4）一些野生马铃薯品种，叶片多毛，对蚜虫有一定抗性，可被用于育种工作，选育抗蚜虫品种。

（二）蓟马

1. 症状

蓟马幼虫咬食马铃薯叶片和花瓣，叶片上被取食部位细胞缺失，呈现出银白色的斑点，类似一堆堆粪便。

2. 形态特征及发生规律

蓟马是一种细长的缨翅目，蓟马科害虫。长度约为1mm，雄性比雌性略小。成虫翅膀细长，黄褐色，边缘有纤毛。幼虫橙色或黄绿色，头部生有红色眼睛（图7-31）。蓟马分布范围广，可以传播马铃薯病毒，影响马铃薯生长。

图7-31　蓟马为害叶片症状

3. 防治措施

（1）露天种植马铃薯蓟马防治。预防为主，处理越冬虫和虫卵。收获后，处理田间病残体，翻土晾晒；用天敌，如瓢虫、草蛉、食蚜蝇等，抑制蓟马的数量；加强田间管理，适时灌溉，尤其是发生干旱要及时灌水；药剂防治可使用60g/L乙基多杀霉素（艾绿士）10～20mL/亩，叶面喷施；70%吡虫啉水分散粒剂5g/亩，叶面喷施；22%氟啶虫胺腈悬浮剂（特福力）10mL/亩，叶面喷施；也可使用啶虫脒，吡蚜酮、烯啶虫胺等药剂防治。

（2）组培室中蓟马防治。使用德国拜尔公司康福多（Confidor）20%可溶液剂，使用浓度为3 000倍液，加入到MS培养基中，121℃、25min高压灭菌。将组培室的所有组培苗剪切到加入了药剂的培养基中培养30d。培养条件每天16h光照，温度16～25℃。组培苗再次扩繁，仍进行以上杀虫处理培养，一般处理2～3个周期，确保彻底消灭蓟马。

（三）芫菁

1. 症状

芫菁成虫取食马铃薯嫩叶、心叶及花蕾，严重时数十头成虫集中在一株马铃薯上，将叶片和花蕾全部吃光（图7-32），严重影响马铃薯产量与质量。

图7-32　芫菁成虫为害叶片

2. 形态特征及发生规律

芫菁，鞘翅目，芫菁科甲虫，食性广。主要取食马铃薯、番茄、辣椒、甘蓝、甜菜、柠条等植株。我国北方主要有豆芫菁、红头芫菁（图7-33）、苹斑芫菁等。芫菁成虫体长14～27mm，体背黑色，头圆，颈部较长，头部橙红色，翅鞘末端具灰白色长毛。成虫上翅特化成硬鞘，翅鞘薄且软，没有光泽。膜质的下翅折收在鞘翅下，雄虫的翅鞘较雌虫稍长。多数触角是锯齿状，身体肥大，尤其是腹部。

图7-33　红头芫菁成虫

芫菁的幼虫，趁雌蜂在产卵时于蜂卵上完成第一次蜕变。蜕过皮的2龄幼虫以蜂蜜为食，并排出红色的粪便。

芫菁的3龄幼虫会一直不动，蜕壳后出现的4龄幼虫外形和2龄幼虫一样。4龄幼虫在蜕变为蛹后，进入休眠状态直到变为成虫。破壳而出的芫菁成虫，钻出地面生活，开始取食栽培作物。

3. 防治措施

目前较常用的防治方式是化学防治，可使用4.5%高效氯氰菊酯乳油50mL/亩，叶面喷施；或25%高效氟氯氰菊酯乳油（功夫）30mL/亩，叶面喷施。

（四）草地螟

1. 症状

草地螟幼虫（图7-34）主要取食马铃薯的叶、茎。初龄幼虫先在杂草上取食，以后移到作物上为害，喜食嫩叶，被取食的叶片穿孔，留下叶脉和叶柄。4～5龄幼虫为暴食期，取食量占总量的60%～90%（图7-35）。

图7-34　草地螟幼虫

图7-35　草地螟严重发生为害状

2. 形态特征及发生规律

草地螟，鳞翅目，螟蛾科，又名黄绿条螟、甜菜网螟，是一类广食性害虫，主要取食马铃薯、向日葵、大豆、甜菜等作物。主要分布在东北、华北及西北地区。成虫为小型淡褐色的蛾子，体长8～10mm，前翅灰褐色，外缘有淡黄色条纹，翅近前缘有一深黄色斑，顶角内侧前缘有不明显的三角形浅黄色小斑，后翅浅灰黄色，有两条与外缘平行的波状纹，触角呈鞭状。成虫比较活跃，迁飞能力强，具有趋黑光性和群聚性。成虫羽化后喜欢低洼地，背风向阳杂草丛生的地头。卵椭圆形，初产时乳白色，有珍珠光泽，后变为浅褐色。幼虫共5龄，1龄幼虫为淡绿色，3龄幼虫为灰绿色，5龄幼虫多为灰黑色。

3. 防治措施

（1）成虫可用黑光灯诱杀。

（2）幼虫防治，使用25%高效氟氯氰菊酯乳油（功夫）30mL/亩，叶面喷施；或1.8%阿维菌素乳油30～40mL/亩，叶面喷施。

（五）叶蝉

1. 症状

马铃薯叶蝉取食植株叶片组织，顶部受害较重的嫩叶呈现出褐色的三角形病斑。病斑沿叶片边缘向内扩展，最终整片叶子表现出症状。马铃薯小绿叶蝉可传播病毒，马铃薯顶部叶片变褐、卷曲；也可分泌毒素堵塞木质部和韧皮部管道，影响营养传送，导致马铃薯产量降低。

2. 形态特征及发生规律

马铃薯生长季的一定时期（气候温暖时）可见叶蝉的发生。叶蝉，同翅目（或半翅目）叶蝉科，小型吸汁昆虫。马铃薯小绿叶蝉成虫绿色，头和胸有白斑，较宽，翅膀呈锥形。具有3个不同生育阶段：卵期、幼虫期（共有5龄幼虫）及成虫期。成虫形成大概6d后开始产卵，卵可存活30～40d，叶蝉卵大约10d后开始孵化，幼虫黄绿色，大约12d后变为成虫。叶蝉在马铃薯的一个生育期内可完成多个世代。叶蝉一般以成虫形式在马铃薯植株上越冬（气候温暖时），紫莞叶蝉（*Macrosteles quadrilineatus*）可以卵越冬。叶蝉在马铃薯上繁殖的快慢与气候及马铃薯的种植时间有关。

马铃薯叶蝉迁飞能力能力极强，可通过取食马铃薯叶肉组织直接影响马铃薯产量。幼虫和成虫都可为害马铃薯维管束，并释放毒素，高龄幼虫比成虫造成的为害更为严重。叶蝉在马铃薯植株上繁殖，其自身并不带毒，但可传播病毒。如紫莞叶蝉可传播马铃薯黄化病毒，甜菜叶蝉传播甜菜曲顶病毒。

3. 防治措施

（1）使用黑光灯诱杀。

（2）通过田间观测预防叶蝉的暴发，如田间10%马铃薯植株被叶蝉为害时就需要采取措施减少叶蝉为害。

（3）药剂防治见蚜虫药剂防治。

三、马铃薯线虫

线虫形态小，肉眼很难观察到，在显微镜下观察，其外形酷似蛔虫。它广泛存在于自然界中，有些种类可造成植物病害。植物病原线虫具有面条似的空心口针，该口针可刺穿植物细胞壁，造成马铃薯病害。

侵染马铃薯的线虫种类繁多，根据它们的生活习性大致分为两大类：一类为体内寄生线虫，可侵染马铃薯地下组织器官，如马铃薯根结线虫、马铃薯胞囊线虫、马铃薯根腐线虫和马铃薯腐烂茎线虫；另一类为体外寄生线虫，存活于土壤或根系表面，不侵染马铃薯地下组织器官，如马铃薯短粗根线虫。以上每类线虫又包含有多个种或者属，大多数马铃薯线虫都生存在地表下面，也有生存于地表之上的。类似的，马铃薯线虫不同种群也有寄主转化性和非寄主转化性之分。通过显微镜，可以观察到马铃薯线虫的大小及结构特征，其口针的差异是区别不同种属线虫的重要依据。

不同种类马铃薯病原线虫的生活周期差异很大，研究它们各自的生活规律对病害的防治大有裨益。例如，线虫的孵化日期可提供给我们防治线虫的思路和方法。

马铃薯线虫病害不仅会影响马铃薯产量，也会造成马铃薯品质的大幅下降。线虫病害发生严重的地块，植株生长受到抑制，产量受限，商品性基本丢失。线虫病害造成的损失与线虫基数有关，所以控制和减少病原物数量显得尤为重要。

（一）马铃薯腐烂茎线虫（*Ditylenchus destuctor*）

1. 症状

马铃薯茎腐烂线虫从马铃薯皮孔侵入，在薯皮下面形成白色粉状斑点。被侵染部位不断扩大，合并，最终在马铃薯表面形成明显的浅褐色病斑。病部组织变干，薯皮变薄，皱缩，破裂成颗粒状（图7-36）。随着时间的推移，二次侵染将导致病部组织变黑，甚至腐烂。当虫害发生严重时，植株茎秆脆弱。

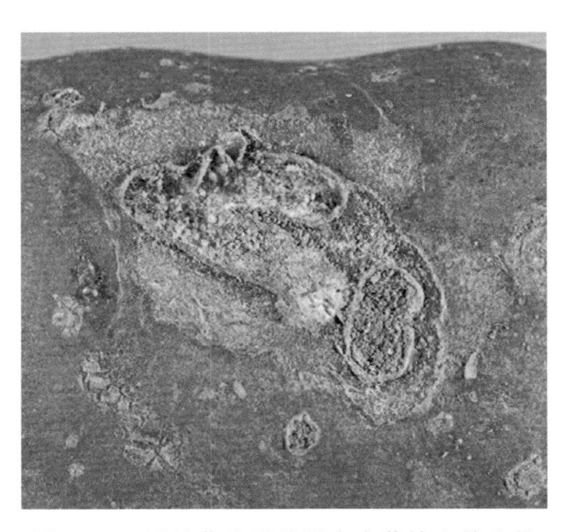

图7-36　马铃薯腐烂茎线虫在薯块上的症状

2. 形态特征及发生规律

马铃薯腐烂茎线虫是温带地区马铃薯主要虫害之一，遍布欧洲、南北美洲、澳大利亚、非洲及亚洲。马铃薯腐烂茎线虫虽然属于专性寄生虫，但是其寄主达70多种。

马铃薯腐烂茎线虫为害作物的适宜温度为15～20℃，在自然条件下，5～30℃均可发生侵染。马铃薯腐烂茎线虫喜欢潮湿土壤。马铃薯腐烂茎线虫可通过虫卵、幼虫、成虫等不同形式在野草寄主上越冬。春天来临时，虫卵孵化出的幼虫直接侵入马铃薯，造成为害。

3. 防治措施

（1）马铃薯腐烂茎线虫主要通过带病种薯进行传播，所以最重要的防治办法就是选择健康种薯。

（2）轮作可在一定程度上减少土壤线虫的数量，但由于马铃薯腐烂茎线虫寄主广泛，该方法效果不明显。

（3）选择种植非寄主作物，做好田间杂草清除及卫生管理，可大幅降低田间马铃薯腐烂茎线虫的数量。

（4）选择通风性好，干燥温热的土壤种植马铃薯。

（5）可使用烟熏杀虫剂，如1，3-二氯丙烯、异硫氰酸甲酯等熏蒸土壤，效果明显。但该方法成本高，不经济，可操作性不高。非烟熏剂如有机氯杀虫剂、氨基二酰等也可用于线虫病害防治。

（6）利用真菌、细菌等微生物进行生物防治，当然目前还需要做大量的试验研究。

（7）选育抗线虫品种，目前还没有抗马铃薯腐烂茎线虫的商品薯。

（二）马铃薯胞囊线虫

马铃薯胞囊线虫包括马铃薯黄胞囊线虫（*Globodera rostochiensis*）和马铃薯白胞囊线虫（*Globodera pallida*）

1. 症状

虫害发生较轻时，地上部分无明显症状。当侵染发生严重时，由于地上部水分和营养供给受到限制，茎会表现出矮小、萎蔫、黄化甚至枯死等症状（图7-37、图7-38）。马铃薯根部被侵染后，被迫分化出许多短粗的侧根。被为害的根、匍匐茎及薯块表面附着有典型的胞囊（200～500μm），可从这些胞囊中分离出病原线虫。当侵染发生严重时，可影响马铃薯薯块的大小和数量。同时，线虫侵入马铃薯时凿出的坑严重影响马铃薯的商品性（图7-39）。另外，被马铃薯胞囊线虫侵入的马铃薯更易被真菌，如立枯丝核菌、轮枝菌侵染。

图7-37　马铃薯胞囊线虫侵染造成的为害，右边是使用杀虫剂的效果

图7-38　马铃薯胞囊线虫为害造成茎秆萎蔫，植株死亡

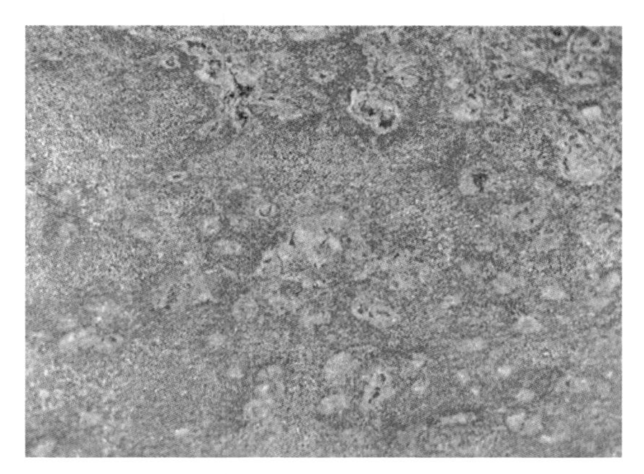

图7-39　马铃薯胞囊线虫侵染后的薯皮

2. 形态特征及发生规律

马铃薯胞囊线虫是我国对外检疫性的害虫，其遍布马铃薯种植区。根据1994年，欧洲植物保护组织的报道，世界上65个国家和地区存在马铃薯黄胞囊线虫（图7-40），其中有41个国家和地区有马铃薯白胞囊线虫（图7-41）的存在。马铃薯胞囊线虫在温带地区（尤其是在欧洲）被视为非常重要的病害之一。有关马铃薯白胞囊线虫相关的报道没有马铃薯黄胞囊线虫多，但在一些种植抗马铃薯黄胞囊线虫的国家，马铃薯白胞囊线虫的报道相对较多。在英国，大约有2/3的土壤被马铃薯胞囊线虫污染，病田减产可达50%。目前还没有根治马铃薯胞囊线虫的方法，所以在预防上，尽可能地做好田间土壤、马铃薯种薯的检测工作。

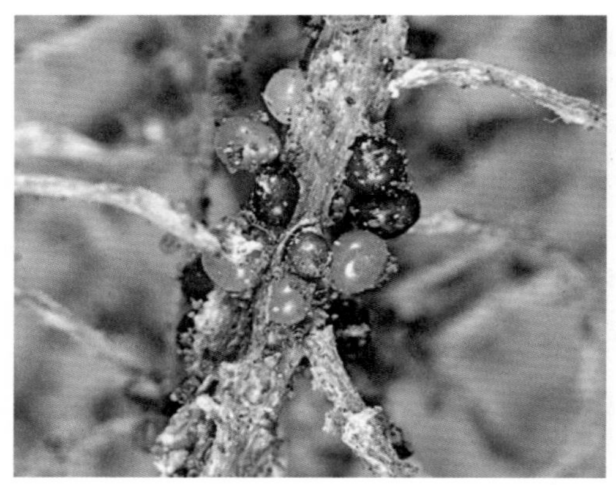
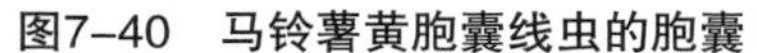
图7–40　马铃薯黄胞囊线虫的胞囊

图7–41　马铃薯白胞囊线虫的胞囊

不同种类的马铃薯胞囊线虫生活史类似。胞囊是雌虫的残体，每个胞囊中含有几百个虫卵，胞囊中的虫卵可在植株或者土壤中越冬。每年春天一定比例的虫卵开始孵化，这一过程会持续几个月。同时，胞囊线虫可在土壤中存活几个星期，当没有合适的寄主时，它们就会死去。

卵孵化与土壤和气候条件有关，例如当虫卵感受到植物根系分泌物时，会开始疯狂孵化（可孵化约90%）。在孵化前幼虫会进行一次蜕皮。

孵化后的幼虫利用口针从马铃薯皮孔或伤口侵入，之后在马铃薯根部皮层维管组织中进行营养生长。多核体为雌性，其他为雄性。幼虫在成熟之前一直生活在根部皮层维管组织中，导致植株水分和营养运输受阻。幼虫会逐渐膨胀呈瓶状，在完成最后一次蜕皮后（植株体内），雄虫弹入土壤，雌虫继续膨胀，变圆，最后胀裂，留在植株体内，并吸引雄虫前来授精。受精后，雌虫形成肉眼可见的胞囊，胞囊最初为白色，马铃薯黄胞囊线虫的胞囊会逐渐变成金黄色；马铃薯白胞囊线虫的胞囊则保持白色，最终呈深褐色。从虫卵孵化至大量虫卵形成需要50～100d（与环境条件密切相关）。

3. 防治措施

（1）如果没有寄主植物，土壤中的虫卵会慢慢减少，长期轮作可减少土壤中虫卵的数量。

有数据显示，在自然条件下，每年虫卵会以30%的比例减少，这个比例与土壤条件有关。马铃薯胞囊线虫病原物与寄主间的互作关系复杂。胞囊线虫在马铃薯体内的数量与马铃薯品种抗性、杀虫剂的使用及线虫间的竞争都有关系。

（2）在引种和调种时做好严格的检验检疫工作，确保新的种子健康无虫。

（3）药剂防治见马铃薯腐烂茎线虫防治方法。马铃薯白胞囊线虫虫卵孵化慢，持续时间长，可将多种杀虫剂配合使用，以达到好的防治效果。

（4）做好田间土壤检测。例如，土壤中马铃薯白胞囊线虫虫卵含量≤5个/g时，一般不会造成大的危害；当含量>10个/g时，会严重影响马铃薯产量。

（三）马铃薯根结线虫

1. 症状

马铃薯根结线虫（*meloidogyne* spp.）侵染马铃薯根部，在根部形成不规则虫瘿。这些虫瘿是由2龄幼虫侵入后，线虫周围马铃薯根部表皮细胞膨大引起的。马铃薯根结线虫促使维管组织形成细胞质黏稠，细胞壁极度凹陷的多核体巨型细胞。不同的马铃薯根结线虫形成的虫瘿不同。马铃薯根结线虫（Meloidogyne chitwoodii）形成的虫瘿小，不易发现；*Meloidogyne hapla*侵染马铃薯后，虫瘿周围根组织增殖明显；*Meloidogyne incognita*侵染时，虫瘿明显易见（图7-42）。

马铃薯根结线虫侵染薯块，薯块表皮会形成疣一样的突起（图7-43）。雌性根结线虫侵染薯块，会使薯皮组织变薄肿胀，薯皮下可见白色梨形雌虫（图7-44、图7-45）。虫害发生严重时，茎生长发育不良，黄化，萎蔫。在温湿度胁迫条件下症状尤为明显。

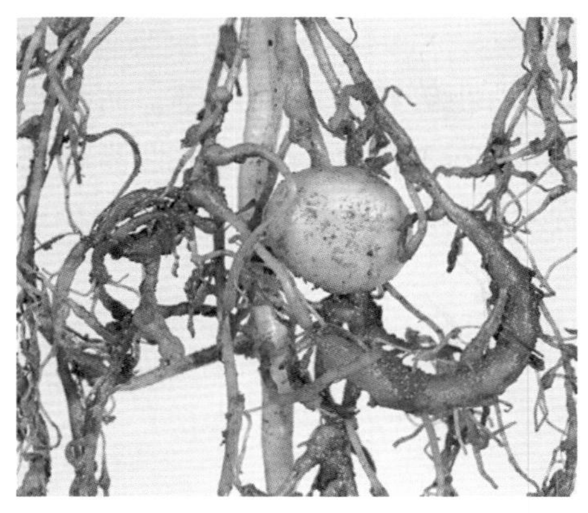

图7-42　马铃薯根结线虫侵染造成的瘿瘤

图7-43　马铃薯根结线虫引起的疣状突起

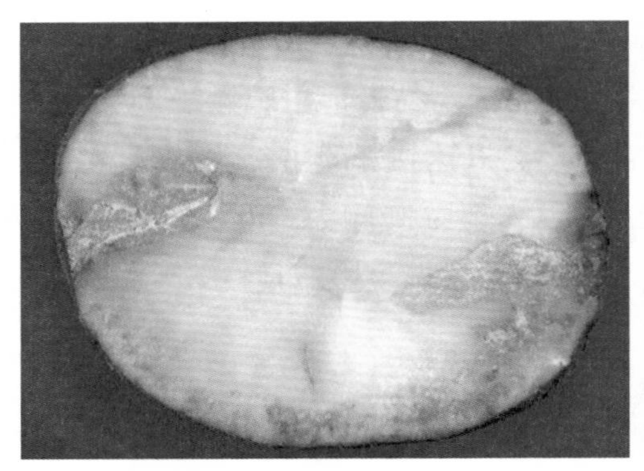

图7-44　马铃薯根结线虫侵染薯块纵切面症状

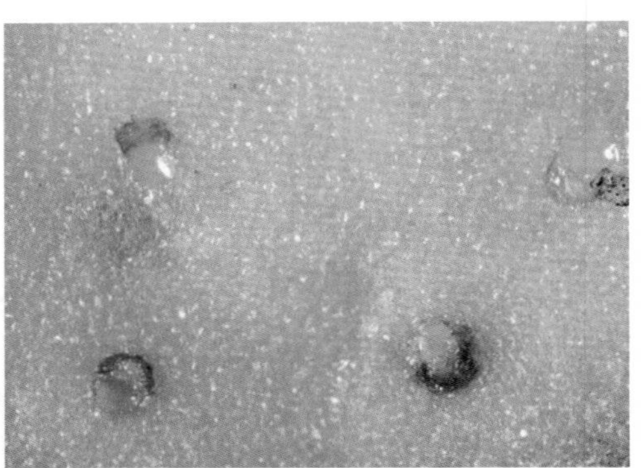

图7-45　薯皮下的成年雌虫

2. 形态特征及发生规律

*M.hapla*引起的马铃薯根结线虫病在冷凉地区较为多见，在温带地区，也可破坏植株的正常生长，影响商品性。*M.chitwoodii*、*M.incognita*等则主要分布在热带地区。

所有的马铃薯根结线虫都有两性分化。雌虫呈梨形，雄性为蠕虫状。1龄幼虫在虫卵中经历一次蜕皮，孵化后进入2龄幼虫阶段。这一时期，线虫离开土壤，侵入马铃薯根部，在合适的位置定居，迫使周边马铃薯组织形成多核巨细胞供其食用。之后，线虫逐渐变为瓶状，并完成第三次蜕皮，成为3龄幼虫、4龄幼虫，最终成熟为成虫。马铃薯根结线虫主要以虫卵的方式在土壤或植株上越冬。在温带地区，*M.hapla*完成一个生活史需要4～6周。

3. 防治措施

马铃薯根结线虫可通过农机、灌溉水及动物等媒介进行传播，防治难度大。*M.hapla*不侵染牧草和谷物；*M.incognit*a不侵染马铃薯抗性品种；*M.chitwoodii*不侵染苜蓿。故可以通过与非寄主作物轮作（4年以上）来减少土壤线虫数量。

其他防治措施见马铃薯腐烂茎线虫防治措施。

（四）马铃薯短粗根线虫（*Trichodorus* spp.，*Paratrichodorus* spp.）

1. 症状

短粗根线虫侵染根系生长点，被侵染的生长点变褐，根系停止生长，变粗，形成“短粗根”。不过，短粗根的症状并不多见。短粗根线虫侵染，可传播烟草脆裂病毒（Tobacco rattle virus）。虫害发生严重时，植株生长不良，叶片萎蔫（图7-46）。

图7-46　左边为健康植株，右边根和匍匐茎被侵染，变粗、分化

2. 形态特征及发生规律

马铃薯短粗根线虫主要分布在冷凉区域。*Paratrichodorus* spp.则分布在亚热带地区。虽然它们的侵染都会直接造成对马铃薯的为害，但更重要的为害是它们传播烟草脆裂病毒。有研究表明，不同种类的短粗根线虫所携带的病毒种类也不相同。短粗根线虫的生活史可分为6个时期：一个卵期，4个幼虫阶段和一个成虫期。每个生育时期均可传播病毒。短粗根线虫的生活史长短与温度有关。30℃条件下，*Paratrichodorus* spp.完成生活史需16d；15℃时，*Trichodorus* spp.需要45d完成生活史。

3. 防治措施

见马铃薯腐烂茎线虫防治措施。

（五）马铃薯根腐线虫

1. 症状

马铃薯根腐线虫（*Pratylenchus penetrans*）（图7-47）寄生在马铃薯根部表皮。在皮层薄壁组织细胞间活动取食，被侵染的部位形成黑色坏死斑。根部坏死的组织可能会被其他微生物侵染，造成根腐症状。薯皮被侵染后形成疣状突起。为害严重时，植株生长缺乏活力，叶片无光泽，植株早熟。同时马铃薯根腐线虫可增加轮枝菌的侵染概率，造成其他病害的发生。

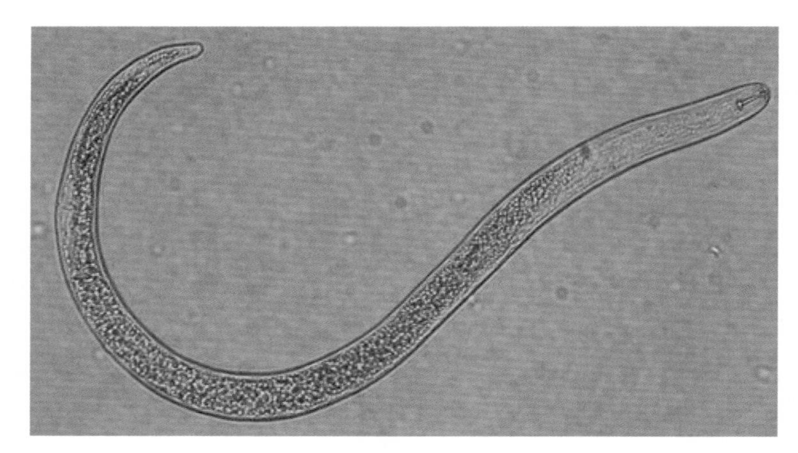

图7-47　马铃薯根腐线虫

2. 形态特征及发生规律

马铃薯根腐线虫是我国的对外检疫生物，是北美洲最重要的线虫病害。病害发生严重的地块，可减产50%以上。

马铃薯根腐线虫生活在马铃薯根部组织中，偶尔侵染薯块和匍匐茎，它也会离开根系移动至土壤，寻找新的寄生场所（新的根系）。从2龄幼虫至成虫，马铃薯根腐线虫都寄生在植株根组织上，主要集中在根的分生组织中，它们游走于细胞间，取食皮层细胞。雌虫在寄主根部产出幼虫，繁衍一代需要30～60d（与温度相关）。

3. 防治措施

见马铃薯腐烂茎线虫防治措施。

第三节　马铃薯草害

一、马铃薯田杂草种类及为害

马铃薯田间杂草分为禾本科杂草、阔叶杂草、多年生杂草3类，单子叶、双子叶混生。种类主要有藜、扁蓄、稗草、反枝苋、刺儿藜、苍耳、苣荬菜、狗尾草、猪毛菜、田旋花等。

杂草是马铃薯生产上的大敌，由于其抗逆性强，在马铃薯整个生育期均可发生。在生长过程中主要与马铃薯争夺水分、养分、光照和空间，影响马铃薯植株的光合作用，干扰其正常生长，从而降低马铃薯产量。同时，田间防除杂草增加了马铃薯生产成本。杂草的为害程度受生态环境、栽培方式、管理水平及防除措施等综合影响，不同地区发生程度不同。

（一）主要杂草形态特征与为害

1. 藜

藜科，别名灰菜、灰条菜、灰藜。一年生草本，高60～120cm。茎直立，分枝。叶互生，菱状卵形或近三角形，先端尖，基部宽楔形，叶缘具不整齐的锯齿，叶具长柄。花两性，花簇聚成密或疏的圆锥状花序，腋生或顶生，花被片5，宽卵形。雄蕊5，柱头2。胞果包于花被内或顶端稍露。种子横生，双凸状，褐色具光泽，表面有沟纹及点洼，胚环形（图7-48）。

图7-48　藜（灰菜）

2. 扁蓄

蓼科，别名扁竹竹、异叶蓼、猪牙草，一年生草本，高15～50cm。茎匍匐或斜上，基部分枝甚多，具明显扁蓄的节及纵沟纹；幼枝上微有棱角。茎平卧或斜升，具分枝。叶互生，椭圆形或长倒圆卵形，长0.5～3cm，全缘。托叶鞘膜质，2裂，具脉纹。花簇生于叶腋，花被5，深裂，裂片具白色或粉红色的边缘。雄蕊8，花柱头3，分离。瘦果三棱状卵形，长约3mm，黑褐色，表面有明显的线纹，包于宿存花被内。仅顶端小部分外露，卵形，具3棱，长2～3mm，黑褐色，具细纹及小点（图7-49）。

图7-49　扁蓄（扁竹竹）

3. 稗草

禾本科，别名稗子，一年生草本。稗子和稻子外形极为相似，株高50～130cm。秆丛生，直立，基部倾斜或膝曲，无毛。叶片条形，长20～50cm，粗糙，中脉灰白色，叶鞘基部有毛，无叶舌。圆锥花序顶生，直立或下垂，紫褐色，小穗密集于穗轴的一侧，小穗卵形，长约3mm，含1～2朵花；第一外稃具5～7脉，具0.5～3cm的芒；内稃的先端外漏，内包3雄蕊、1雌蕊和2鳞被。颖果卵状椭圆形，黄褐色，有光泽。

4. 反枝苋

苋科，别名西风古、野千穗谷、野苋菜。一年生草本，株高20～80cm，茎直立，粗壮，单一或分枝，淡绿色，有时具带紫色条纹，稍具钝棱，密生短柔毛。叶互生，菱状卵形或椭圆状卵形，叶柄淡绿色，有时淡紫色，有柔毛。两面具柔毛，全缘。穗状花序集成圆锥花序，顶生或腋生。苞片及小苞片钻形，背部具1隆起的中肋，伸出顶端成尖芒。花被片5，具1条绿色中脉，顶端具凸尖。柱头3。胞果扁球形，盖裂，包于宿存花被内。种子直立，近球形，棕黑色，边缘钝（图7-50）。

图7–50　反枝苋（野苋菜）

5. 刺藜

藜科，别名红小扫帚苗、铁扫帚苗、野鸡冠子草。一年生草本，株高15～40cm。茎直立，多分枝，有条纹，秋后株体常呈紫红色。叶条状披针形，长2～7cm，宽4～10mm，先端钝尖，基部渐狭，主脉明显，中脉黄白色，全缘。叶具柄。花序生于枝端或叶腋，复二歧聚伞花序，分枝末端针刺状；种子圆形，横生，黑褐色，有光泽。胞果顶基扁（底面稍凸），圆形；果皮透明，与种子贴生。种子横生，顶基扁，周边截平或具棱（图7–51）。

图7–51　刺藜（铁扫帚苗）

6. 苍耳

菊科，别名苍耳草、刺儿苗。一年生草本，株高30～90cm。茎直立，多分枝。根纺锤状，茎下部圆柱形，上部有纵沟，叶片三角状卵形或心形，近全缘，边缘有不规则的粗锯齿，上面绿色，下面苍白色，花单性，雌雄同株，头状花序顶生或腋生。雄花序球形，密生柔毛；雌花序椭圆形，总苞片结成囊状，成熟后坚硬，表面生有稀疏的钩刺。披针形，喙坚硬，锥形，瘦果倒卵形（图7-52）。

图7-52　苍耳（刺儿苗）

7. 狗尾草

禾本科，别名毛莠莠、谷莠子，一年生草本。株高30～60cm。叶条形，长5～30cm；叶鞘松弛；叶舌毛状。圆锥花序紧密成圆柱状，下垂，长3～15cm。小穗2～5个簇生于主轴上或更多的小穗着生在短小枝上，椭圆形，长2～2.5mm；先端钝，第二颖几与小穗等长，椭圆形；第一外稃与小穗等长，先端钝，其内稃短小狭窄；第二外稃椭圆形，顶端钝，具细点状皱纹，边缘内卷，狭窄；鳞被楔形，顶端微凹；花柱基分离；叶上下表皮脉间均为微波纹或无波纹的、壁较薄的长细胞（图7-53）。

图7–53　狗尾草（毛莠莠）

8. 苣荬菜

菊科，别名苦菜、苦苣，多年生草本，全株有乳汁。茎直立，高30～80cm。地下根状茎匍匐，多数须根着生。地上茎少分支，直立，平滑。多数叶互生，披针形或长圆状披针形，长8～20cm，宽2～5cm，先端钝，基部耳状抱茎，边缘有疏缺刻或浅裂，缺刻及裂片都具尖齿；基生叶具短柄，茎生叶无柄。头状花序顶生，单一或呈伞房状，直径2～4cm，总苞钟形；花全为舌状花，鲜黄色。雄蕊5，药合生；雌蕊1，子房下位，花柱纤细，柱头2深裂，花柱及柱头皆被白色腺毛。瘦果，长椭圆形，有纵条纹（图7–54）。

图7–54　苣荬菜（苦菜）

9. 田旋花

旋花科，为多年生草质藤本，近无毛。根状茎横走，茎平卧或缠绕，有棱。叶柄长1～2cm；叶片戟形或箭形，长2.5～6cm，宽1～3.5cm，全缘或3裂，先端近圆或微尖，有小突尖头；中裂片卵状椭圆形、狭三角形、披针状椭圆形或线性；侧裂片开展或呈耳形。花1～3朵腋生；苞片线性，与萼远离，花期5—8月；子房2室，有毛，柱头2，狭长。蒴果球形或圆锥状，无毛；种子椭圆形，无毛。

（二）发生规律

杂草发生期长，几乎和马铃薯生育期同步生长，随着气温的逐步升高，杂草的发生进入高峰。

1. 出苗时间较早

在马铃薯田杂草中，有许多杂草发生规律也不同。马铃薯播种后，只要田间墒情好，播后5～10d开始出草，播后20d左右形成出草高峰，出草量占总杂草量的40%～60%，是形成草害的主体。其中一年生杂草以种子进行繁殖的，如扁蓄、藜、猪毛菜等早春性杂草，当旬平均温度5～10℃时，已开始萌发。多年生杂草如苣荬菜、大刺儿菜、田旋花的地下芽或地上芽陆续萌动出土。

2. 生育期较短

一年生晚春性杂草的生育期，比马铃薯生育期短，但生长迅速。如稗、狗尾草、苍茸、马齿苋等，其种子萌发温度较高，一般旬平均温度在10～15℃时，才开始萌发。适宜的萌发温度是20～25℃，生长迅速，发育较快，农田杂草在生长发育上远比马铃薯优胜，具有顽强的竞争力。

3. 繁殖能力强

以种子繁殖的杂草大多结实量大，结实期长，而且种子成熟落粒期不一致，这就增加了种子的数量和土壤侵染度，如扁蓄、反枝苋、藜的花果期从6月可延迟到9月。另外，杂草种子寿命较长，传播方式多样，也增加了防治杂草的困难。

二、马铃薯田杂草防治措施

（一）农业防治措施

1. 轮作

通过轮作降低伴生性杂草的密度，改变田间优势杂草群落，降低田间杂草种群数量。

2. 耕翻

土壤通过多次耕翻后，多年生杂草被翻埋在地下，使杂草逐渐减少或长势衰退，从而使其生长受到抑制，达到除草目的。

3. 中耕培土

适时中耕，不仅能有效地防除杂草，还有深松、贮水保墒等作用。

4. 人工除草

适于小面积或大草拔除。

5. 物理方法除草

利用有色地膜，如黑色膜等覆盖具有一定的抑草作用。

（二）化学除草

化学除草具有省工省时、争取农时、防除彻底等优点。通常有土壤处理和茎叶处理两种。

1. 马铃薯田播后苗前杂草防治

播后苗前土壤处理，能有效控制马铃薯整个生育期的杂草。推荐使用45%二甲戊灵微胶囊剂180～200mL/亩，田间喷雾。

2. 马铃薯田苗后茎叶处理

对于前期未能采取化学除草或化学除草失败的马铃薯田，应在田间杂草基本出苗且杂草处于幼苗期时及时茎叶处理防治。茎叶处理时使用选择性除草剂，可以同时喷在杂草和马铃薯上；使用非选择性除草剂，只能喷在杂草上，不能喷在马铃薯上。

一年生禾本科杂草2～4叶期，用10.8%高效氟吡甲禾灵（高效盖草能）乳油50mL/亩；或15%精吡氟禾草灵（精稳杀得）乳油30～60mL/亩；或10%喹禾灵（禾草克）乳油60～80mL/亩；或20%稀禾啶（拿捕净）乳油60～100mL/亩。若以多年生禾本科杂草为主，在生长旺盛期，每亩用10.8%高效氟吡甲禾灵乳油90mL/亩，均匀喷雾杂草茎叶。

一年生阔叶杂草2～4叶期，18%砜·喹·嗪草酮（富薯）60～65mL/亩；或25%砜嘧磺隆干悬剂（宝成）5g/亩。

（三）注意事项

第一，初次使用时，应根据不同气候带，进行小规模试验，找出适合的最佳施药方法和最适合剂量后，再大面积使用。

第二，喷施要均匀周到。喷雾要求雾滴细密均匀，单位面积用药量准确，避免重喷和漏喷。

第三，勿使药剂污染水源。

第四，土壤湿润是药效发挥的关键。

第五，要选择天气晴朗、无风、气温较高时进行。

第六，施药时要做好安全防护。

第七，详细阅读药品说明书。

第八，避免除草剂残留对后作的危害。

第九，灭杀性除草剂不能喷在马铃薯茎叶上。

常用杀菌剂和除草剂通用名与商品名对照见表7-1。

表7-1　常用杀菌剂和除草剂通用名与商品名对照

通用名	商品名
杀菌剂	
代森锰锌	大生、代森锰锌、喷克、山德生、百利安、新锰生、立克清、太盛、易宁等
氟吗啉	灭克
烯酰吗·锰锌	安克锰锌、甘霜、比俏、安涛、园星、质高、高佳、安森、旺克等
霜脲锰锌	克露、克抗灵、克霜氰、霜霉敌、霜疫清、霜荣、霜康、霜消、霜克、霜露、霜标、霜惊、霜剑、赛露、德露、宁露、露丹、露星、胜露宝、凯克灵、美尔乐、速灭净、百恩特、托那多、诺万泽、荣登乐、蔬奈克、威克、盈丰、铲霉、霉通、巧灭等

（续表）

通用名	商品名
氟吡菌胺+霜霉威盐酸盐	银法利
嘧菌酯	阿米西达、青嘧菌酯、安灭达等
苯醚甲环唑	世高、Score势克等
百菌清	大克灵、桑瓦特、克劳优、敌克、达科宁、百慧、大治、泰顺、好夫、多清、克达、顺天星1号、霉必清等
恶霜灵锰锌	杀毒矾
菇类蛋白多糖	抗毒丰
菌毒・吗啉胍	病毒净、克毒灵
甲醛	福尔马林
异菌脲	扑海因、咪唑霉、扑疫佳、抑菌星、依普同、秀安、施疫安、普康、抑菌鲜、普因等
丙森锌	安泰生、缬霉威
甲基硫菌灵	甲基托布津
多菌灵	富生、凯江、绿海、旺宁、防霉宝、绿海、冠灵、八斗、凯森等
甲基立枯磷乳油	甲基立枯磷
恶霉灵	土菌消、绿亨一号
高锰酸钾	过锰酸钾；灰锰氧
氟噻唑吡乙酮	增威赢绿
除草剂	
氟乐灵	氟乐宁、氟特力、茄科宁、特氟力
二甲戊灵	田普
嗪草酮	赛克津
乙草胺	禾耐斯
异丙草胺	乐丰宝
高效氟吡甲禾灵	高效盖草能
精吡氟禾草灵	精稳杀得
喹禾灵	禾草克
稀禾啶	拿捕净

参考文献

卜庆国，2012. 马铃薯蚜虫种群生态学的研究[D]. 呼和浩特：内蒙古农业大学.
陈杰新，魏敏，李丽君，2020. 4种杀菌剂防治马铃薯晚疫病的田间试验初报[J]. 中国植保导刊，40（2）：66-67，79.
陈雯廷，2014. 马铃薯黑痣病综合防控技术的研究与集成[D]. 呼和浩特：内蒙古农业大学.
程亮，2020. 西北地区马铃薯软腐病和黑胫病致病菌鉴定及特性分析[J]. 中国农业科技导报，22（7）：106-116.
丁思年，2018. 马铃薯干腐病的辨别及防治方法[J]. 园艺与种苗（7）：24-25，28.
段锦蕊，2014. 马铃薯病毒病的种类及防治方法[J]. 甘肃农业（24）：77-77，79.
龚开静，朴美花，2016. 浅论马铃薯胞囊线虫病的防治技术[J]. 黑龙江科技信息（30）：275.
郭润婷，王惟萍，谢学文，等，2016. 马铃薯早疫病的诊断与防治[J]. 中国蔬菜（11）：80-82.
何永贵，王志远，张正友，2017. 马铃薯枯萎病防控技术集成示范研究要点[J]. 吉林农业（11）：69.
姜丰秋，姜达石，2009. 华北蝼蛄的生物学特性及防治技术[J]. 林业勘查设计（2）：86-88.
李建业，高涛，2015. 马铃薯黑痣病发生规律与绿色防控技术[J]. 农家致富顾问（14）：3-4.
李礼丽，2013. 不同药剂对马铃薯蚜虫的防治效果研究[J]. 辽宁农业职业技术学院学报，15（3）：11-12.
李蒙，李真真，郑叶叶，等，2020. 内蒙古地区马铃薯粉痂病病原鉴定与检测[C]//2020中国马铃薯大会论文集：615-618.
李淑敏，陈丽文，邵蕾，等，2020. 马铃薯疮痂病防治药剂的筛选与评价[J]. 中国瓜菜，33（9）：83-86.
梁俊桃，翟玉兰，2016. 马铃薯病毒病的种类与防治措施[J]. 现代农业科技（9）：139，141.
龙向祥，2016. 马铃薯晚疫病监测预警系统的应用[J]. 植物医生，31（7）：57-59.

陆英刚，2010. 草地螟发生规律及防治技术[J]. 中国科技财富（8）：260.
马慧萍，潘涛，2011. 马铃薯蛴螬的发生与防治[J]. 农业科技与信息（9）：27-28.
毛向红，白小东，齐海英，等，2020. 几种杀菌剂组合对马铃薯黑痣病的防治效果[J]. 农业技术与装备（10）：9-10.
毛彦芝，牛若超，孙继英，等，2020. 中国马铃薯田腐烂茎线虫的发生与防治建议[C]//2020中国马铃薯大会论文集：580-584.
商鸿生，王凤葵，2011. 马铃薯病虫害防治[M]. 北京：金盾出版社.
邵成悦，2020. 马铃薯黑胫病的发生及防治[J]. 现代农业科技（9）：110，112.
台莲梅，2011. 马铃薯早疫病菌多样性和侵染过程及品种抗病机制研究[D]. 大庆：黑龙江八一农垦大学.
王迪轩，李力，2009. 马铃薯田杂草化学防除及注意事项[J]. 农药市场信息（9）：42-43.
王金生，韦忠民，方中达，1985. 马铃薯软腐细菌的鉴定[J]. 植物病理学报，15（1）：25-30.
王娟，杨俊伟，陈云，等，2016. 马铃薯田芫菁危害特点及防治技术[J]. 中国马铃薯（1）：43-45.
王萌红，2020. 马铃薯晚疫病的发生与防治[J]. 现代农村科技（2）：43-44.
王文重，闵凡祥，杨帅，等，2020. 我国马铃薯干腐病及其防治研究进展[J]. 中国蔬菜（4）：22-29.
王晓强，崔华栋，谢勇，等，2014. 危害马铃薯块茎的根结线虫种类鉴定[C]//第十二届全国植物线虫学术研讨会论文集：105-110.
王永存，王向东，付丽军，等，2019. 马铃薯畸形薯块形成因素及防治方法[J]. 农业灾害研究，9（4）：9-10，44.
王玉娥，金涛，刘小利，等，1998. 西宁地区马铃薯田间迁飞蚜类调查[J]. 中国马铃薯，12（2）：86-87.
魏敏，刘长仲，2020. 4种药剂对马铃薯早疫病和晚疫病的田间防治效果[J]. 农业科技与信息（14）：5-7，13.
吴石平，叶照春，何海永，等，2012. 马铃薯生理性叶斑病鉴定与诊断方法[J]. 中国马铃薯（4）：231-234.
夏秋博，程广东，卢惠迪，2020. 马铃薯主要地下害虫及综合防治技术要点浅析[J]. 南方农业，14（15）：36-37.

谢春霞，杨雄，赵彪，等，2018. 马铃薯组培苗蓟马防治技术[J]. 湖南农业科学（4）：60-61，69.

徐久志，2011. 马铃薯真菌病害的症状与防治措施[J]. 现代农业科技（14）：178-178，180.

叶文斌，杨小录，王让军，2015. 甘肃省西和县马铃薯田间杂草调查及其防治技术[J]. 生物灾害科学（4）：328-332.

于德才，张抒，白艳菊，等，2009. 马铃薯种薯田有翅蚜的防治[J]. 黑龙江农业科学（4）：85-87.

于力华，张蜀敏，邓可宣，等，2016. 马铃薯蚜虫在中国的分布、危害以及综合防治策略[C]//2016年中国马铃薯大会论文集：203-207.

于立新，2020. 玉米金针虫的危害及防治[J]. 农民致富之友（14）：95.

张文解，王成刚，2010. 马铃薯病虫害诊断与防治[M]. 兰州：甘肃科学技术出版社.

郑红梅，2020. 马铃薯环腐病的防治措施[J]. 现代畜牧科技（4）：46-47.

朱默涵，2019. 马铃薯缺素症状及应对措施[J]. 中国果菜，39（11）：106-108.

朱元庆，2019. 马铃薯黄萎病综合防治技术[J]. 上海蔬菜（6）：67-68.

CHOI O，KIM J，2013. *Pectobacterium carotovorum*. subsp. *brasiliense* causing soft rot on paprika in Korea[J]. Journal of Phytopathology，161（2）：125-127.

DAS B B，RAM G，伊伯仁，1990. 马铃薯小地老虎的发生、危害和残害[J]. 国外农学（杂粮作物）：52-53.

VAN DER MERWE J J，COUTINHO TA，KORSTEN L，et al，2010. *Pectobacterium carotovorum*. subsp. *brasiliense* causing blackleg on potatoes in South Africa[J]. European Journal of Plant Pathology，126：175-188.

第八章　乌兰察布马铃薯贮藏与加工技术

第一节　马铃薯贮藏技术

由于乌兰察布独特的气候条件，马铃薯从收获到封冻仅有一个多月的时间，销售时段非常有限，大量鲜薯需要通过贮藏后翌年销售。因此建设储窖非常关键。全市马铃薯种植面积长期稳定在400万亩左右，鲜薯总产量450多万吨，目前总仓储能力197.5万t，其中农户土窖31.9万座，仓储能力78.5万t，占39.75%；规模仓储（60t以上）3 833座，仓储能力95万t，占48.10%。其中1 000t以上的158座，仓储能力24万t，占12.15%。

一、乌兰察布马铃薯贮藏基本原理

（一）呼吸作用

马铃薯块茎收获后，呼吸作用成为其采后生理的主要过程。呼吸作用是指在一系列酶的作用下，生物体将复杂的有机物分解为简单物质，并释放出能量的过程。在氧气充足的条件下，马铃薯的呼吸作用一般表示为：

$$C_6H_{12}O_6+6O_2 \rightarrow 6CO_2+6H_2O+2\ 795.8\ J$$

呼吸作用消耗植物积累的营养物质，因此在维持正常生命活动的前提下，应尽量使呼吸变得缓慢一些。要控制呼吸作用强度，首先要了解影响呼吸作用的因素。

1. 内在因素

（1）品种。不同品种的马铃薯块茎呼吸强度不一样，一般来说，早熟品种呼吸强度大，不耐贮藏；中晚熟品种呼吸强度小，较耐贮藏。

（2）生理活性状态和成熟度。在马铃薯块茎发育过程中，随着生理活性状态和成熟度的不同，其呼吸强度也在变化。块茎刚收获时表皮细嫩、木栓化程度低，水分含量高，处于后熟阶段，此时块茎呼吸旺盛，释放的二氧化碳最多，放热多、温度高。一般经过15～30d的后熟作用，块茎表皮充分木栓化，伤口愈合，呼吸减弱，逐渐转入生理休眠期。休眠期内，马铃薯表皮得到充分木栓化，伤口愈合，块茎表面变干，呼吸强度和贮藏的一切生理生化活动下降到最低点。休眠期过后，随着环境温度的升高，各项生理生化活动逐渐苏醒，活性增强，呼吸逐渐旺盛，块茎具备了发芽的可能性，此时如果外界条件适宜，芽可萌发生长，呼吸进入旺盛时期，块茎利用呼吸作用，动用贮藏物质，供芽生长。

2. 环境因素

（1）温度。呼吸作用是在一系列酶的作用下进行的无数化学过程的综合反应，酶促化学过程无一例外地受到温度的影响，因此，呼吸作用也受温度的影响。在一定温度范围内，随着温度的升高，马铃薯的呼吸强度增大。低温是抑制马铃薯呼吸作用最有效的措施（贮藏史上的第一次革命——低温贮藏的基本原理），但不是温度越低越好，冷害和冻害反而也会促进其呼吸。

（2）气体成分。空气环境中的氧气和二氧化碳分别是马铃薯呼吸作用的反应底物和产物，根据化学反应产物反馈抑制原理，适当降低氧气浓度，提高二氧化碳浓度，会有效抑制呼吸（贮藏史上的第二次革命——气调贮藏的基本原理）。在一个密闭环境中，马铃薯呼吸作用逐渐消耗氧气，使环境中二氧化碳增多，利用植物的呼吸作用自发形成了一个低氧气和高二氧化碳的气体环境条件，呼吸作用就会降低，有利于保持其营养品质（自发气调贮藏的基本原理）。但当氧气浓度过低或二氧化碳浓度过高时，马铃薯便会发生无氧呼吸，长时间进行无氧呼吸，就会消耗其较多的有机物，积累过多的酒精，导致马铃薯生理性病害发生，表现为马铃薯块茎出现褐变斑块，并进一步引发腐烂。

（3）机械损伤和微生物侵染。物理伤害可以刺激马铃薯呼吸，呼吸强度的增加与其被擦伤的严重程度呈正相关。微生物通过伤口侵入马铃薯块茎内，其生长发育也会促进马铃薯的呼吸作用。

（二）蒸发作用

蒸发是指含有大量水分的马铃薯块茎在预贮、运输和贮藏中所含水分的挥发和损失。水分蒸发不仅使马铃薯块茎外形呈现萎缩状态，影响鲜嫩的品质和风味，也是马铃薯块茎贮藏中质量下降的主要原因。因此，在贮藏过程中要尽量控制马铃薯的水分平衡，保障马铃薯保持合理的水分含量，避免过低的水分含量导致质量下降或过高的水分含量导致被微生物侵染而腐烂。

（三）影响贮藏主要控制因素

影响马铃薯贮藏效果的因素包括内因和外因。内因主要是指马铃薯品种的抗病性和耐贮性；外因主要是指贮藏环境的温湿度、气体成分、光照条件以及机械伤、病虫害等。其中贮藏环境的温度及湿度在外因中占主导地位，影响因子达95%以上。

1. 内在因素

（1）品种差异性。在同样的贮藏条件下，有的品种耐贮性好，有的品种耐贮性差。因此应选择适于当地贮藏条件的品种。

（2）块茎的成熟度。成熟度好的块茎，表皮木栓化程度高，收获和运输过程中不易被擦伤，贮藏期间失水少，不易皱缩。此外，成熟度好的块茎，其内部淀粉等干物质积累充足，大大增强了耐贮性。未成熟的块茎，由于表皮幼嫩，未形成木栓层，收获和运输过程中易受擦伤，为病菌侵入创造了条件，而且幼嫩块茎含水量高，干物质积累少，缺乏对不良环境的抵抗能力，因此贮藏过程中易失水皱缩和发生腐烂。

2. 外在因素

（1）温度。马铃薯贮藏期间的温度环节控制决定着贮期安全，温度不仅对马铃薯休眠长短有一定影响，而且对芽的生长速度有巨大影响（表8-1）。贮藏期间的温度在4℃以下时，虽然马铃薯薯块通过休眠后芽生长很慢，但容易感染低温真菌病害而导致损失，也因低温下还原糖升高而影响加工品质。贮藏时温度越高，通过休眠后的马铃薯发芽越多，芽生长越快，薯块内单糖又会合成淀粉。当温度高于30℃和低于0℃时，薯心容易发黑。种薯和鲜食用商品薯一般贮藏在4℃左右，加工原料薯可贮藏在7～10℃，加工前回暖温度在15～18℃，保持1～2周。

表8-1　不同贮藏温度条件下马铃薯块茎的变化情况

贮藏温度（℃）	块茎生理变化情况
-2	块茎受冻
0～3	易发生“低温糖化”现象，淀粉转化成糖，食味变甜，种性降低
4	种薯最好的贮藏条件，呼吸微弱，皮孔关闭，病害不发展，重量损失最小，块茎不发芽
5	块茎的呼吸强度较小，少数皮孔开放，仍是适于种薯的贮藏温度，但镰刀菌开始发展
8	呼吸强盛，皮孔开放。淀粉和还原糖的转化较为平稳，低温糖化现象较轻，镰刀菌迅速发展，块茎腐烂（湿腐或干腐），块茎重量降低，渡过休眠的块茎开始发芽
11	呼吸强烈，镰刀菌发育转弱，但块茎腐烂严重，损失率增加。幼芽伸长，如湿度大时，幼芽还可生根
14～16	呼吸强烈，窖内干燥时，块茎开始皱缩。如窖内过湿，湿腐病强烈发展，幼芽伸长，并能生有大量须根，损耗率激增。秋季在这温度条件下，相对湿度在85%时，块茎伤口易于愈合
20	幼芽和根系交织于块茎的表层，腐烂的损耗激增，在通风不良的条件下，块茎窒息薯肉变黑，湿腐病发展得极为迅速。空气干燥时块茎皱缩，并在幼芽和芽根上形成仔薯

（2）湿度。在贮藏期间如果空气太干燥，种薯的质量就会出现很大减耗，薯块变软和皱缩；反之，如果湿度过大则促使薯块过早萌发和形成须根以及引起上层块茎“出汗”，形成大量水滴附着在块茎表面，导致病害蔓延，薯块腐烂。因此应保持块茎表面干燥，马铃薯块茎含水量在80%左右，通过伤口芽失去的水分比通过成熟表皮失去的水分多，但也必须将马铃薯因失水而导致的重量损失降到最低，贮藏窖内空气相对湿度保持在80%～93%，且以90%为最适宜。避免薯块或贮藏窖内壁的水分凝结，贮藏期间尽量减少制冷或换气的通风时间。

（3）光照。马铃薯块茎不论在贮藏期还是生长期，直射光、散射光都能使块茎变绿，龙葵素含量增加，从而降低正常块茎的茄碱苷含量。商品薯和加工薯应尽量避光。而种薯贮藏对光照的要求与商品薯有所不同，散射光对种薯有很好的壮芽效果，因此在贮藏期间适当增加光照能抑制病菌的侵染和幼芽徒长，形成短壮芽。因此种薯和商品薯、加工薯应分开贮藏。

（4）通风条件。马铃薯在贮藏期间会不断进行呼吸，吸收氧气，释放水分和热量等。如果通风换气不及时，薯块的生理活动就会受到阻碍，引起块茎黑心并且可能会引起病菌的萌发、感染，使薯块发病甚至腐烂。马铃薯贮藏要求窖内空气循环流动，流速均匀，通风设备是贮藏窖中的基本设备，常设有自然通风和机械通风两种方式。通风可以带走马铃薯表面的热量、水分、二氧化碳和提供氧气。空气流通情况与马铃薯堆高密切相关，堆高可以节约空间，但也积累马铃薯呼吸所释放的热量，阻碍空气流动，在有良好空气流动通道和机械通风设备的窖内，马铃薯堆高可以达到4m，但未经包装的马铃薯要低些，无良好空气流动通道和机械通风设备的窖内堆高应在1m左右。

二、乌兰察布马铃薯主要贮藏库种类

贮藏设施是马铃薯收获后贮藏保鲜的基本条件之一。在我国，自北向南均有马铃薯分布，由于自然气候条件千差万别，马铃薯的播种和收获季节不同，形成了与之适应的贮藏方式。在乌兰察布马铃薯贮藏方式分为农户井筒式储窖贮藏、马道式储窖贮藏和气调恒温库贮藏3种。

（一）农户井筒式储窖

井窖贮藏在土壤坚实地区，选择地势高，地下水位低且排水良好的地方，向下挖直筒式坑，井口直径为70cm，井下部为100cm，深度为3～4m，然后在洞底横向挖成窖洞，其长度可根据贮藏量而定。这种井窖适于贮藏种薯、商品用薯。这种贮藏方式的优点是能够保温和人工通风换气，一般不会受到冻害侵袭，窖内相对湿度可达60%～70%。缺点是贮藏期间不宜通风散热，贮藏量过大，窖内氧气供应不足，导致马铃薯块茎表皮色泽不鲜活，发暗褐色，没有卖相，井窖主要以散贮堆藏为主。

（二）马道式储窖

多在土壤坚硬的山坡或土丘旁开门向内挖建，将山丘里挖成窑洞状，窖洞高度为2.5～3m，顶部挖成拱式半圆形，长度按所需贮藏量而定，一般多为8～10m，宽度一般为5m。10m长的窖洞可贮藏马铃薯块茎40t左右，这种窑洞式贮藏窖多用砖砌门，一般砌成两道门，通风换气靠打开门扇进行，具有结构简单、造价低、贮藏效果好、保温性能好等优点。缺点是通风效果差，受地形限制，以散贮堆藏和袋装为主。

（三）大型气调恒温库

一种现代化的贮藏设施，贮量一般在500t以上，适合马铃薯流通企业、大型加工企业、大型种薯企业的贮藏，目前生产上有地上式（图8-1）、地下式两种。每座气调库内都有通风设备、运输通道及数个贮藏室（图8-2），种薯多散堆堆放，每隔2～3m有一个通风筒，或袋装堆放。

图8-1　马铃薯气调恒温库

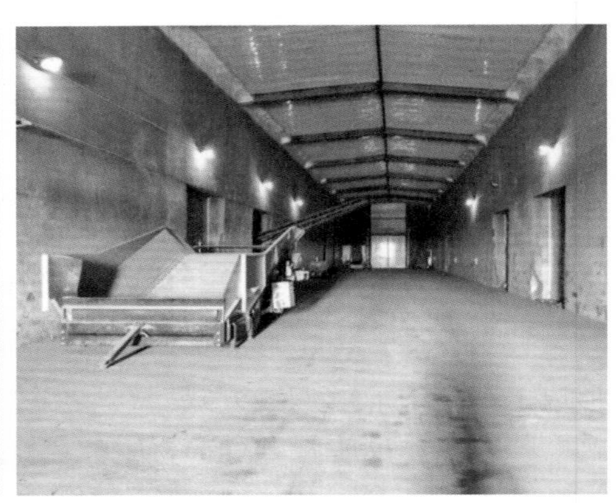

图8-2　气调库内展示

利用风机和通风管道向贮藏设施内部送风或向外排风，调节贮藏环境中的温度、湿度、二氧化碳、氧气浓度等，抑制马铃薯的呼吸作用，延缓其新陈代谢过程的一种贮藏库。

气调库运行流程是通过温湿度传感器（马铃薯库间的产品温度传感器，库间温湿度传感器，压力仓温湿度传感器以及外界温湿度传感器）探测到的各点温湿度，传输到输入卡上并通过数据传输线路传输到终端控制器，终端控制器对各项数据进行分析处理，并综合已设置数据及要求作出现行合理的运行状态，并发出指令到库间输出卡上，输出卡再输出指令到库间电路控制柜里，使需要运行的设备（如风机、气窗等）启动运行。通过外界的温度和库间温度的差来进行库内外通风换气，以稳定库间温度、产品温度、湿度等。在库间湿度达不到设置要求时，加湿系统给库间自动加湿。当库内二氧化碳浓度过高时，会开启气窗和风机进行库内外的空气流通，以达到合适的二氧化碳浓度。

气调库优点，受外部气象条件影响较小，通风效果较好，易于人为控制和调节库温，贮藏马铃薯时间较长，并使马铃薯保持新鲜状态，提高马铃薯贮藏保鲜质量。

三、乌兰察布马铃薯贮藏方式

目前，在乌兰察布应用较为广泛的贮藏方式为通风库贮藏马铃薯，通风管理条件较好的通常散贮，袋贮有搬运方便，省时省工的优点，因此，大多中小规模的贮藏库普遍采用袋贮的方式进行贮藏。在马铃薯收获后、贮藏、销售过程中，因病理和生理、贮藏方法、贮藏条件、管理技术等因素影响，导致马铃薯贮藏失水、发芽、腐烂，损失率达15%～30%。贮藏量作为影响马铃薯贮藏效果良莠的一个重要因素，经研究得出可以通过控制堆码高度减少马铃薯贮藏期的损失，在减少质量损失的同时，还可以提高库内的利用率。

乌兰察布农户贮藏马铃薯的方式主要有散堆、袋装和箱装3类。散堆其贮藏量相对较大，易于贮藏期间进行抑芽防腐处理，而且贮藏成本最低，但是搬运不便；袋装其贮藏量相对少，搬用方便，但是成本较高，贮藏期间挑拣对马铃薯造成的损伤多；硬纸箱主要用于精品马铃薯的包装，管理搬运方便，但是贮藏量少，成本最高。普通农户贮藏窖容积较小，一般采用散堆和袋装贮藏为主。不同品种所能承受压力能力不同，随着贮藏时间的延长，挤压损伤会越来越严重，当块茎受到挤压后，表面会出现凹陷，如果短期压迫或压迫时间不长的情况下，凹陷会随着压力的解除而慢慢消失。但是如果薯块长期被压迫，组织会受到永久性破坏，即使压力解除，也会造成一定程度的损伤，主要会造成薯块重量上的损耗，严重的会导致大量的发芽和腐烂。

马铃薯的贮藏量不得超过窖容量的65%。贮藏量过多过厚，会造成贮藏初期不易散热，中期上层薯块距离窖顶、窖门过近容易受冻，后期底部薯块容易发芽，同时也会造成堆温和窖温不一致，难于调节窖温。据试验，每立方米的薯块重量一般为650～750kg，只要测出窖的容积，就可算出贮藏量，计算方法如下：

适宜的贮藏量（kg）=窖容积（m^3）×700（kg/m^3）×0.65

（一）散贮

散贮是马铃薯长期贮藏的最常见方式。散贮其贮藏量相对较大，易于贮藏期间防腐处理，管理过程也方便。自然通风贮藏的马铃薯堆的高度不能超过2m，以避免贮藏堆中的温度不一致。农户贮藏窖中马铃薯堆放的高度不宜超过窖高度的2/3，并且堆放高度控制在1.5m以内为宜，干燥而健康的马铃薯贮藏在通风条件较好的窖内堆放高度可达2m以上。但是堆放过高，下层薯块所承受的压力大，导致下层薯块被压伤，上层薯块也会因为薯堆呼吸散热而发生严重的“出汗”现象，从而导致薯块大量发芽和腐烂，上层也可能由于距离窖顶过近而易受冻。垛高与侧压力关系见表8-2。

散堆过程中，可在侧边用板条、秸秆、草帘等透气物隔挡，增加薯堆周围的透气性，增加贮藏容量，通常以通气、不漏薯为宜，而且便于通风换气；也可在堆放的薯堆中间插入具有通气孔的竹筒或PVC等管道，保证薯堆内部通风良好（图8-3）。

表8-2　垛高与侧压力关系

垛高（m）	侧压力（MPa）
2.0	300
2.5	469
3.0	675
3.5	920
4.0	1 200

图8-3　马铃薯散贮

（二）袋贮

袋贮的贮藏量相对较少（图8-4），一般常用的包装袋有网袋、编织袋等，是农户贮藏窖的常用形式。将预处理后的马铃薯装入网袋或编织袋内，每袋35～40kg，堆垛码放成“井”字垛，大型库内垛长一般为8～10m，两垛之间距离0.8～1m，垛高以3m为限，便于定期观察，倒翻薯垛，出库方便。堆下设通风管道。

图8-4　马铃薯袋贮

四、马铃薯贮藏管理技术

（一）种薯贮藏管理技术

1. 入库前准备

（1）检查设备。贮藏前应检查窖（库）整体安全性、牢固性、密封性、保温性，通风管道的畅通情况，必要的风机、照明、监测等设备的运行情况。其中气调库所检设备包括通风系统、控制系统和加湿系统。

①通风系统：变频器、轴流风机、气窗、热循环风机、风筒。

②控制系统：传感器（温湿度、二氧化碳、低温保护）、输入卡、输出卡、控制柜、ORION控制器、Rainbow远程控制软件。

③加湿系统：水泵、湿帘、水箱、进出水管路。

（2）消毒工作。入库前10d首先对库内地面、通风筒等进行全面、无死角清扫，然后采用生石灰或百菌清等烟熏剂封闭熏蒸，消毒后紧闭库门、窗户，

3d后进行充分通风换气直到入库。

（3）库内试运行。检查电脑监控、风机、气窗、测杆、风道设备及气调库相关各类设备，入库前7d左右进行试运行，确保仓储库正常运行。

2. 种薯入库

马铃薯收获后，可在田间就地稍加晾晒，散发部分水分，以利于贮运。一般晾晒4h，晾晒时间过长，薯块将失水萎蔫。

预贮一方面可加速块茎后熟作用的完成，加快薯块表皮木栓化，使其迅速进入休眠期；另一方面有利散发因呼吸和后熟作用而放出的热量，避免发生“出汗”现象。运输回的马铃薯需在阴凉通风处进行预贮。预贮时块茎堆高一般为1.0～1.5m，宽不超过2m，中间留通风道。预贮时间一般为5～7d，可根据空气的干燥程度适当缩短预贮时间。

在预贮后要进行挑选，剔除病、伤、烂薯。块茎贮藏前必须做到五不要，即带病不要，带泥不要，有损伤不要，有裂皮不要，受冻不要。

3. 倒包

通过倒包可以去掉块茎表皮附着的泥土，淘汰病烂薯，并可散热防止生芽，因此倒包是贮藏过程中达到管理目的最有效的一项措施。

倒包要根据贮藏窖内温度的变化和病害的发生程度确定。在经常测定堆温的过程中，当发现堆温由原来较低的温度升高到8℃以上时，要查明原因，如果是因为病烂发热，应立即倒窖。在温度正常的情况下，应当检查堆藏的马铃薯，当块茎中有3%以上感染了软腐病，10%以上感染了干腐病，3%以上冻烂时，亦应马上倒包并进行挑选工作。在倒包时应将发生软腐病、干腐病、晚疫病等的薯块全部挑出。在贮藏期间块茎还常带有环腐病和黑心病，由于这两种病害从块茎外部不易识别，应注意控制温度防止蔓延，一般低温条件下能防止这两种病害的发生和蔓延。

入窖后严格控制温湿度，完全可以做到不倒包。其理由，第一，降低了病害的感染机会；第二，块茎水分蒸发、热量扩散，增强了块茎的耐贮藏性。

4. 温度控制

遵循“两头防热、中间御寒”的原则，根据种薯在贮藏期的生理变化和安全贮藏条件，通过通风换气和密闭，控制贮藏窖的温度。贮藏前期，从入窖

（库）至11月，种薯块茎正处于准备休眠状态，呼吸旺盛，释放热量多，所以这一阶段的管理工作应以通风换气、降温散热为主，在确保种薯不受冻害的前提下，打开库房门窗和通风孔通风降温，温度控制在4℃。贮藏中期，即11月至翌年2月，种薯已进入休眠期，窖（库）内热量低，且呼吸减弱，容易发生冻害。这一时期主要以防冻保温为主，密闭窖（库）门和通气孔，窖（库）温控制在1～3℃，准备保暖透气的覆盖物，以防潮御寒。贮藏后期，即为2月至播种前，气温回升较快，种薯渡过休眠期，薯块呼吸作用加强，养分损耗加大，导致“伤热”和“烂薯”的情况发生，此阶段前期库温控制在4℃，后期如果种薯未萌动（特别是4月下旬）要逐渐接近室外气温，以利种薯幼芽萌动，便于播种。

5. 空气相对湿度调节及通风控制

整个种薯贮藏期库房空气相对湿度应保持在85%～90%为宜，种薯入库前期湿度大，应采用石灰吸湿法或加强通风降低种薯湿度。种薯贮藏第二个阶段是种薯最易受冻的危险期，此阶段应封闭所有库房门窗，每天进行累计2～3h通风，此阶段的通风可带走种薯表面的热量、水分、二氧化碳和提供氧气，该环节与马铃薯贮藏质量联系紧密，应予以高度重视。贮藏第三阶段的通风量应随着气温的逐渐回升而增加，直至种薯出库前10d左右将库房门窗、通风口全部打开。

6. 适当的光照条件

半地下室种薯贮藏库要利用库房地面部分加设窗户，地下式种薯贮藏库可安装适量的紫外灯，利用散射光和紫外灯能够使种薯产生杀菌和抵御各种病原菌入侵的物质如龙葵素等。

7. 出库管理

种薯出库前应进行库房检查。

原原种根据每批次数量确定扦样点数随机扦样，每个点取块茎500粒。

大田各级种薯根据每批次总产量确定扦样点数，每个点扦样25kg，随机扦取样品应该具有代表性，样品的检验结果代表被抽检批次。同批次大田种薯存放不同库房，按不同批次处理。

根据出库计划，提前对库内马铃薯进行分选，淘汰贮藏期间产生的病烂薯、缺陷薯，使马铃薯质量在出库前满足GB 18133—2012的要求。

出库前使仓储库内温度升至7～10℃，相对湿度调至80%，开始出库。如出库（窖）时外界温度在零下，要注意种薯的保温，可采取覆盖防风等措施。

出库后，及时清理库内杂质、尘土等，不留死角，墙壁、地面、库顶须清理干净，及时清洗设备，不留死角。

（二）商品薯贮藏管理技术

商品薯入库后，一定要尽快通风将呼吸作用产生的热量散失掉。最关键的是需要防止出现结露现象，以防止表皮病害的侵染。贮藏期间温度保持在2～4℃，相对湿度在85%～95%，并在黑暗中贮藏。

出库前升温至12℃，并维持两周以上。

（三）加工薯贮藏管理技术

薯片、薯条以及全粉加工用马铃薯的贮藏要求基本相同，都要求贮藏期间还原糖含量保持在较低的水平（0.2%以下），或者在加工前采用回温处理将还原糖降低至正常水平，干物质含量不降低，应维持在19.6%以上。入库到加工利用之前，薯块不皱缩、不腐烂、不变绿、不发芽等，以保证加工产品的质量。

加工薯初入库时应迅速把温度降到10～13℃，并维持在15～20d，使薯皮尽快木栓化、伤口愈合，防治病菌侵入造成腐烂。随后温度调节以0.5℃/Z的速度下降，经25～30d，贮藏库温度降至8～10℃，转入正常贮藏。如果库内温度升高，应下调送风温度的设定值。整个贮藏期库内相对湿度必须保持在85%～93%，最低不能低于80%。

由于加工薯贮藏期间的温度较高，块茎容易发芽，因此必须采取措施抑制发芽，一般采用化学药剂来抑制发芽。抑芽剂不仅是一项降低原料薯贮藏损耗、提高原料薯贮藏品质的主要措施，也是解决原料薯发芽问题最经济的方法。常用抑芽剂包括氯苯胺灵、a-萘乙酸甲酯和青鲜素，其中，氯苯胺灵是应用最为广泛的一种抑芽剂，它是一种芳香氨基甲酸酯类植物生长调节剂，包括粉剂和气雾剂两种类型，每吨马铃薯用2.5%粉剂400～800g，用气雾剂时，每吨马铃薯用49.65%气雾剂60～80mL即可。期间注意薯块变化或薯堆下陷等情况，按时进行干物质含量测定、油炸颜色试验。

原料薯出库前可以根据出库的进度适当提高送风温度，使薯块温度回升，维持高温2～4周，有助于还原糖向淀粉转化。

五、乌兰察布马铃薯贮藏期间损失类型及防治措施

（一）真（细）菌病害

马铃薯贮藏期间病害造成的损失远高于失水、冻害等其他原因。引起马铃薯收获后腐烂的病原菌有真菌和细菌两大类，其中一些病害会引起腐烂，而其他病害则会引起表面瑕疵，影响薯块外观，详见表8-3。

防治措施：马铃薯收获后及时将种薯贮藏库（窖）清理干净，同时用石灰水喷洒或用1%高锰酸钾溶液消毒，也可用硫黄粉（15g/m^2）熏蒸24h。应检查库房的保温、防湿、通风排气等情况，并备齐各种温湿度检测设备。薯块入库前先放于避光、通风、干燥处晾2～5d，保证不被雨水淋湿，并且严格淘汰烂、病、伤、破损薯，除去附着在薯面上的泥土，促进薯皮伤口愈伤组织和木栓化的形成。在装卸、搬运、入库时要做到轻拿轻放。这样做的目的是为了减少伤口的发生，进而降低病害的侵染概率。入库前对薯块进行后灭菌处理，一般使用75%百菌清可湿性粉剂或80%代森锰锌可湿性粉剂倍液或58%甲霜灵锰锌可湿粉剂600倍液，待药液充分晾干后再入窖贮藏。

马铃薯种薯入库后要根据不同的贮藏阶段对库房内的温度、湿度和通风条件进行调整。此外在整个贮藏期应经常检查种薯状态，及时挑拣出病薯、烂薯，防止病害蔓延。

表8-5　乌兰察布马铃薯贮藏病害分类

序号	引起腐烂病害	影响外观病害
1	晚疫病	疮痂病
2	早疫病	粉痂病
3	软腐病	黑痣病
4	干腐病	炭疽病
5	环腐病	病毒病

（续表）

序号	引起腐烂病害	影响外观病害
6	湿腐病	
7	灰霉病	
8	黑胫病	
9	枯萎病	
10	黄萎病	
11	茎基腐病	

（二）生理性病害

1. 黑心病

黑心病症状是在块茎中心部分，形成黑至蓝黑色的不规则花纹，由点到块发展成黑心。随着病害发展严重，可使整个薯块变色。黑心受害边缘界限明显。后期黑心组织逐渐变硬。在室温条件下，黑心部位可以变软和变成墨黑色。

属于生理性病害，由于块茎内部组织供氧不足导致呼吸窒息。当氧气从块茎组织内部被排除或不能到达内部组织时，黑心会逐渐发展。同时，黑心病病情发展受温度影响，温度较低时，黑心病发展缓慢，但过低的温度（0～2.5℃）黑心发展较为迅速，而且在特高温度（36～40℃）下，即便有氧气，但因不能快速通过组织扩散，黑心也会发展。因此，过高、过低的极端温度，过于封闭的贮藏条件，均会加重黑心病情。

预防措施：确保马铃薯在运输和贮藏期间通风良好，避免无氧条件。贮藏温度不能低于4℃，用来通风的空气温度不超过20℃。贮藏量应占窖体容积的1/2～2/3为宜。

2. 低温伤害和冻害

当马铃薯块茎处在3℃以下时，就会发生低温伤害。长期贮藏在-1～1℃条件下，会受到严重的冷害导致块茎腐烂，导致马铃薯发芽势和发芽能力降低。不同品种对冷害的敏感程度不同。

低温伤害的块茎外部症状包括：表皮形成黑褐色、凹陷的小斑点或斑块，凹陷病斑下的块茎组织呈淡红褐色至暗褐色或黑褐色。如果贮藏在过冷的条件下时，会产生玻璃质状。

冻伤块茎融化后变软并且充满水，捏压有弹性，切开后挤压块茎，水分渗出。马铃薯遭受轻微冻害后，由于韧皮部比块茎周围组织对低温更敏感，导致块茎内部只有维管束环呈蓝灰色或蓝黑色。当冻害严重时，块茎髓部呈蓝黑色网状坏死，最后在块茎的薯肉内形成界限模糊的蓝灰色或蓝黑色病斑。

预防措施：贮藏温度不低于3.5～4℃；正确调试制冷机械，保证制冷机械的探头正常工作；及时淘汰冻薯，以防感病。

3. 挤压损伤

块茎挤压后首先会出现明显凹陷的病斑，受害组织很快变蓝，这是因为细胞受伤后，释放出的茶多酚和络氨酸，在有氧条件下被细胞中正常存在的多酚氧化酶所氧化。压力解除几天后，受害严重的薯块上会形成马蹄形的凹陷斑。不同品种所能承受压力能力不同，随着贮藏时间的延长，挤压损伤会越来越严重，当块茎受到挤压后，表面会出现凹陷，短期压迫或压迫时间不长的情况下，凹陷会随着压力的解除而慢慢消失。但是如果薯块长期被压迫，组织会受到永久性破坏，即使压力解除，也会造成一定程度的损伤，主要会造成薯块重量上的损耗，严重的会导致大量发芽和腐烂。

贮藏过程中尽可能地降低水分损失，堆垛限高3.5～4m（商品薯）。以加湿的空气进行通风，会使受挤压损伤的薯块百分比维持在一个较低的水平。

第二节　马铃薯加工技术

一、乌兰察布马铃薯加工产业发展现状

乌兰察布在发展传统马铃薯加工的同时，通过提升马铃薯深加工能力大力发展马铃薯加工业。目前，全市马铃薯精淀粉加工能力17万t，全粉2.75万t，薯条10万t，加工转化鲜薯130万t。马铃薯产业已形成了门类齐全、初具规模的加工群体，加工转化率由以前的不足5%提高到26%，综合增加值突破了30亿元，产品外销10多个国家和国内20多个省（市）和地区，成为地区经济的重要支柱。

从2015年建立内蒙古自治区首条马铃薯主粮化产品生产线开始，产品由单

一的马铃薯馒头发展到现在的马铃薯酸奶饼、花卷、面包、油条、煎饼等多个产品。其中，马铃薯酸奶饼被评为全国马铃薯主食“十大休闲食品”。马铃薯的华丽变身让消费者对开发更多的马铃薯系列食品又增添新的期待。在巩固已有的全粉工厂外，2018年商都县蓝威斯顿薯业（内蒙古）有限公司的冷冻薯条产销量再创新高。同时，随着休闲食品的兴起，乌兰察布引进了内蒙古薯都凯达食品有限公司，创立了新的经济增长点，并且把产品输出到国外。

二、乌兰察布马铃薯加工种类

（一）马铃薯食品

据统计，美国等发达国家用于直接鲜食的马铃薯约占5%，而加工用马铃薯食品约占80%。根据马铃薯制品的工艺特点和使用目的，可将其分为五大类。

第一类干制品，也就是贮存1年以上的制品，如马铃薯泥、干制马铃薯等。

第二类冷冻制品，属非长期贮存制品，一般为3个月左右制品，如马铃薯丸子、马铃薯饼等。

第三类油炸制品，短期贮存制品，一般不超过3个月，如油炸马铃薯片、酥脆马铃薯等。

第四类是在公共饮食服务业中用马铃薯配菜，如利用粉状马铃薯制品作馅的填充料，利用粒和片来生产肉卷、饺子等配菜。

第五类是食用粉条。粉条加工在乌兰察布具有悠久的历史，全市除几个较大规模的企业外，更多的加工集中在乡镇，个体规模不大，但所占的市场份额较大。

（二）马铃薯淀粉

马铃薯是世界上第三大淀粉原料作物。马铃薯淀粉具有颗粒大、类脂化合物及蛋白质含量低、抗切割性等特性，备受加工企业的欢迎，尤其在食品加工中，马铃薯淀粉应用越来越广。我国已将马铃薯淀粉广泛应用于食品工业中，如干粉调制剂、面食、酵母滤液等。另外，马铃薯淀粉已普遍应用于医药、化工、造纸等重要领域。

（三）马铃薯全粉

马铃薯除含9%～25%淀粉外，还具有较丰富的维生素，维生素C含量与同等量苹果相当，除此之外，马铃薯中还含有矿物质和多种氨基酸。全粉的加工没有破坏植物组织细胞，营养全面，虽然干燥脱水，但经适当比例复水，即可重新获得新鲜的马铃薯泥制品，保持了马铃薯天然的风味及固有的营养价值，而淀粉却是破坏了马铃薯植物细胞后提取出来的，制品不再具有马铃薯的风味和固有的营养价值。正是由于全粉的特性，从20世纪50年代起，欧美各国迅速开发马铃薯全粉产品。

马铃薯全粉是其他食品深加工的基础。马铃薯全粉主要用于两方面，一是作为添加剂使用，如焙烤面食中添加5%左右，可改善产品的品质，在某些食品中添加马铃薯粉可增加黏度；二是用作冲调马铃薯泥、马铃薯脆片等各种风味和各种营养强化的食品原料。用马铃薯全粉可加工出许多方便食品，它的可加工性远远优于鲜马铃薯原料，可制成各种形状，可添加各种调味和营养成分，制成各种休闲食品。

（四）马铃薯变性淀粉

马铃薯变性淀粉是以淀粉为原料，经理化方法或生物方法改变其溶解度、黏度等理化性质，产生一系列具有不同性能的变性淀粉或淀粉衍生物。国际上变性淀粉已发展到300余种，并广泛地应用于纺织、造纸等行业，尤其是食品工业上，变性淀粉可用作糕点馅的稠化剂、浇注糖果时的凝胶剂等，它还是快餐食品中不可缺少的原料。近年来，乌兰察布淀粉加工企业不断壮大，产品逐步由初级粗加工向精深加工方向发展。

三、乌兰察布马铃薯食品加工技术

（一）原料的选择

用于食品加工的薯类原料首先应该严格去除发芽、发绿的马铃薯以及腐烂、病变薯块。如有发芽或变绿的情况，必须将发芽或变绿的部分削掉，或者完全剔除才能使用，以保证马铃薯制品的茄苷碱含量不超过0.02%，否则将危及人身安全。加工脱水薯泥、油炸薯条片等食品时，要求原料马铃薯的块茎形状整齐、大小均一、表皮薄、芽眼浅而少，淀粉和总固形物含量高，还原糖含量低（0.5%以下，一般为0.25%～0.3%）。还原糖含量过高，产品在干燥或油炸等高温处理时易发生非酶褐变。要减少原料的用量，降低成本，须选用相对密度大的原料。试验表明，生产油炸马铃薯片时，原料薯相对密度每增加0.005，最终产量就增加1%。

马铃薯的相对密度随品种不同差异很大，如果品种相同，栽培方法和环境条件不同，相对密度也会发生很大差异。马铃薯的相对密度主要受品种、土壤结构及其矿物质营养状况、土壤水分含量、栽培方法、杀菌控制、喷洒农药、生长期的气温及成熟程度等因素影响。一般选用原料淀粉含量14%～15%较好，这样的原料可提高产量和降低吸油量。

（二）马铃薯油炸薯片加工工艺流程

1. 工艺流程

原料→清洗→去皮→修剪→切片→漂洗→漂烫→脱水→油炸→脱油→拣选→调味→冷却→包装。

2. 工艺过程

（1）原料。原料生产之前，首先要求马铃薯淀粉含量高，还原糖含量少，并对其还原糖含量进行测定，当还原糖含量高于0.2%时不易进行生产，仍需继续预置，直到糖分达到标准时为止，还要求无霉变、腐烂、无发芽、无虫害等现象。

（2）清洗。采用滚筒式清洗机去除土豆表面泥土及脏物。

（3）去皮。去皮一般有两种方式，分别为机械去皮法和蒸汽去皮法。采用机械去皮法去除表皮进入修剪工序。在炸鲜薯片的加工中，多采用摩擦去皮法，如用碳硅砂去皮机进行去皮。薯块上剩余未去的皮在分级输送带上进行修整，并拣出有损伤的马铃薯采用机械摩擦去皮方式，一般一次投料为30～40kg，去皮时间根据原料的新鲜程度而定，多为3～8min。去皮后的马铃薯要求外皮除尽，外表光洁。去皮时间不宜过长，以免去皮过度，增大物料损失率。蒸汽去皮法一般采用100℃蒸汽在短时间内使薯皮分离。

（4）修剪。将上一工序中未彻底去皮的土豆进行进一步清理，去除芽眼、霉变等不宜食用的部分，并将个别不规则的继续修整。

（5）切片。以均匀速度将原料送入离心式切片机，将合格的去皮马铃薯切成薄片，厚度控制在1.1～1.5mm（切片厚度根据块茎采收季节、贮藏时间、水分含量多少而定）。薄片的尺寸和厚度应当均匀一致，而且表面要平滑，否则会影响油炸后的颜色和含水量，如太厚的切片不能炸透等。切片机刀片必须锋利，因为钝刀会损坏许多薯片表面细胞，从而会在洗涤时造成干物质的大量损失。目前市场上有平片和波纹片两种片形。

（6）漂洗。切后的薯片应立即进行漂洗，露放在空气中易发生变色。通过漂洗除去薯片表面游离淀粉和可溶性物质，避免薯片在油炸时互相粘连。

（7）漂烫。在80～85℃的热水中漂烫2～3min，以降低薯片表面细胞中的糖分，有利于油炸后获得色泽均一且较浅的产品。

（8）护色。将护色液加入漂烫水中进行护色，要达到破坏酶的活性、改善组织结构的目的。另外，在护色液中要加入少量添加剂。

（9）脱水。去除薯片表面水分，热风温度50～60℃，以免增加油炸时间，加大成品的含油率。

（10）油炸。油温185～190℃，油炸120～180s，使薯片达到所要求的品质。油炸是炸鲜薯片和炸薯片的关键工序。油炸前应将烫漂后的薯片尽量晾干，因为薯片表面和内部的水越少，所需油炸的时间越短，产品中的含油量也就越低。油炸所用的油脂必须是精炼油脂，如棕榈油、玉米油、花生油等。

（11）脱油。采用热风吹以降低薯片中的含油量。油炸薯片是高油分食品，在保证产品质量的前提下，应尽量降低其含油率。从原料选择到生产的各个过程都会对产品的含油率有所影响。马铃薯的比重越高，油炸片的含油率就越低。油炸前将薯片烘烤，使其水分降低25%，油脂含量可减少6%～8%。生薯片在85℃的5%氯化钠溶液中浸泡132s，其含油量由凉水浸泡过的油炸薯片的36.8%降低到34.3%。切片越薄，含油量越高。在一定范围内，温度越高，吸油量越少。薯片还原糖量较高时，油温适当调低，在油温不变时，薯片油炸时间长，其含油量增高。油炸后的片料，经过振动脱油机除去表面余油，可适当降低含油率，延长产品保质期。

（12）拣选。将油炸后的不合格品或者碎品通过人工拣出。

（13）调味。油炸后的薯片通过调味机着味后，制成各种风味的产品。所用的调味料均为复合型调味料，国际市场比较流行的风味有咖喱、辣味等。我国目前炸薯片用的调味料有五香牛肉、鸡味、牛肉味、麻辣味、烧烤味、番茄味等。一般加入量为1.5%～2.0%。

（14）冷却。将着味后的薯片冷却至室温后，方可包装。

（15）包装。为便于产品保存、运输和保鲜，调味好的炸薯片经冷却、过磅后，进行包装。为延长保质期，防止产品在运销过程中破碎，多采用铝塑复合真空袋或普通充气包装。

四、乌兰察布马铃薯淀粉加工技术

（一）原料的选择

马铃薯原料直接影响淀粉成品的性能。马铃薯淀粉原料要求高淀粉，耐贮藏，块茎完整、无病、无发芽，无烂坏、无枯萎、无冻伤等。

马铃薯块茎质量要求指标为：块茎的最大断面直径≥30mm，淀粉含量>15%，发芽的绿色块茎量≤2%，有病块茎量≤2%，块茎上的土量≤1.5%。

（二）马铃薯淀粉加工工艺流程

马铃薯淀粉生产的基本原理是：在水的参与下，借助淀粉不溶于冷水及相对密度上的差异进行物理分离，通过机械设备对淀粉、薯渣、蛋白及其他可溶性物质相互分开，从而获得所需品质的马铃薯淀粉。以下就各种不同马铃薯淀粉加工工艺分别选行介绍。

1. 粗淀粉加工工艺

（1）工艺流程。马铃薯→清洗→磨浆→薯渣分离→沉淀→干燥→粗淀粉。

（2）工艺过程。此方法一般为传统的人工或非连续小型机械加工法，主要工艺过程如下。

①磨浆：选择高淀粉的马铃薯若干，拣选出烂薯、病薯，放入洗涤槽内，加清水搅拌，将薯块清洗干净。然后将洗涤后的薯块放入磨碎机，边加入边搅拌边磨碎，待磨成淀粉浆后流入斜槽和接收槽中。

②薯渣分离：分次用粗、细平筛将淀粉浆中薯渣筛出，获得淀粉乳。

③沉淀：将淀粉乳放入沉淀槽中，充分搅拌，静置（一般为5h以上），待淀粉充分沉淀于底层。除去上层液，分离淀粉。首次分离的淀粉杂质较多，应再次加水搅拌，静置数小时，再除去上清液。如此反复洗涤3～5次，最后静置，上层为外皮，中层为淀粉，下层为泥沙。刮去上层不纯物，将中间淀粉取出，即为湿淀粉。

④干燥：将湿淀粉切成小片，然后分摊在竹筛或小木盘等容器中，在阳光下晾晒，等淀粉达到一触即破为止。也可以采用烘干等方法。

2. 工业化马铃薯淀粉加工工艺

工业生产一般采用连续性的机械作业。

（1）工艺流程。原料→清洗→磨碎→筛分→分离淀粉→洗涤淀粉→干燥→包装。

（2）工艺过程。

①原料验收：按照加工淀粉的要求，对马铃薯进行质量检验，包括测定化学成分，最主要的检验指标是测定马铃薯淀粉含量，还从感官上检验各种外观指标，如病害、虫害、腐烂、生芽、冻伤、机械损伤等。生产实践中常采用相对密度法来估测马铃薯淀粉含量。具体操作为：先在空气中称取5kg洗净并使表面干燥的马铃薯，然后将这些马铃薯放入篮中，置于水温17.5℃的水下称重，然后根据重量和淀粉含量之间的对应关系表即可查得淀粉含量，马铃薯在水下的质量越大，对应的淀粉含量也就越高。

②清洗：清洗是将马铃薯薯块通过水流运输设备，用水初步冲洗后，再送到清洗机内清洗。水流运输设备一般是用砖石或铁板构建的一条倾斜流水沟，连接于马铃薯贮藏仓库和洗涤车间之间，薯块随流水送往洗涤车间，在输送过程中得到初步洗涤。

③磨碎：将薯块放入大型磨碎机中磨碎，淀粉从破碎的细胞中游离出来，并同薯渣、蛋白质等物质一起输送至筛分单元进行纤维分离。

④筛分：目的是薯渣分离，得到粗淀粉乳。这一工序是由一系列不同型号的筛子来完成的。目前多使用旋转离心筛来完成筛分这一工序。

⑤分离淀粉：分离淀粉的方法有静置沉淀法、流动沉淀法和离心分离法等。

静置沉淀法　用泵或自然流动将淀粉乳灌入沉淀槽中，使其静置分离6～7h，淀粉沉入槽底，上部为红色的液体薯汁，薯汁中含有蛋白质及其他可溶物，因此又称蛋白水。在液体薯汁的表面，往往形成一层很厚的白色泡沫，操作中为了减少泡沫的形成，一般向泡沫上喷洒细水滴或者使用消泡剂。之后再使用泵抽吸淀粉乳，同时防止空气进入泵内。沉淀结束后，先将表层的泡沫排出，然后再吸出上层的薯汁，最后取出底层的淀粉，送往洗涤车间，进行下一步的操作。

流动沉淀法 当淀粉乳流过斜槽时，在流动的途中逐渐沉淀下来，可用木或砖石砌筑长15～25m、深0.3～0.5m的斜槽，倾斜度为2°～3°。为了保证连续生产，需要建几个斜槽交替使用。

离心分离法 使用离心机处理淀粉乳，液体薯汁从离心机的溢流口排出，淀粉则从离心机的底流口卸出。离心分离法分离淀粉，生产效率高，分离效果好，所分离出的薯汁（蛋白水）中含有马铃薯全部可溶物的90%以上，便于马铃薯蛋白质的回收与利用。

⑥淀粉洗涤：先将分离后的淀粉送入洗涤槽内，同时加入清水并用搅拌器搅拌，然后进行静置沉淀，最后放去澄清水，除去淀粉上层的杂质，取出淀粉。现代淀粉生产中，多采用旋液分离器对淀粉进行洗涤，将淀粉乳泵入旋液分离器中，由于高速旋转产生离心力，淀粉由旋液分离器的底流卸出，纤维、蛋白等其他杂质悬浮在水中由溢流排出。使用旋液分离器洗涤淀粉可大大提高生产效率和产品质量。

⑦脱水：经洗涤后的淀粉含水量在60%左右，这样的湿淀粉在干燥之前，通常先使用离心分离机进行脱水。在离心力的作用下，使其湿淀粉含水量下降到40%左右。

⑧干燥及包装：脱水后的淀粉可利用日光晒干，也可送入干燥机或干燥室中进行干燥。简易的干燥室是在下部设暗火道和烟道，加热室内的空气，将淀粉置于室内的木架或地坪上进行干燥。干燥机主要有真空干燥机和热风干燥机两类。真空干燥机能快速干燥，又不会因温度过高使淀粉糊化。热风干燥机有滚筒式和带式两类，都是先用蒸汽或火力加热空气，然后用热空气干燥淀粉。使用热风干燥机时干燥初期温度不宜超过40℃，干燥后期温度可适当提高，但最高不宜超过70℃，干燥时间25～50min。干淀粉经筛分、品质检验后即可进行包装。

（三）马铃薯淀粉应用

马铃薯淀粉的用途很广，除直接食用外，又可加工成各种变性淀粉、糊精、糖等，美国、日本等发达国家直接以马铃薯为原料加工的各类食品有300多种，制成淀粉、各种类型的变性淀粉及淀粉深加工产品上千种。在我国，马铃薯淀粉产业起步晚，加工水平相对较为落后。下面就马铃薯淀粉的一些应用作简单介绍。

1. 食品工业

淀粉是人类主要的食品，是身体热能的主要来源之一。淀粉制成的食品如粉条、粉丝、粉皮等，其原料以薯类和豆类淀粉为宜。糖果制造时除用大量淀粉生产饴糖外，还使用原淀粉和变性淀粉。淀粉的流变学特性、膨化特性使其可以广泛应用于方便面、膨化食品、饼干专用粉、蛋糕专用粉等。市场上流行的火腿肠、肉制品、冷冻食品、冰淇淋等都需用淀粉作为填充剂、乳化剂、增稠剂、黏合剂等。味精也是由淀粉转化成葡萄糖再经发酵提纯制成的。淀粉经微生物发酵可以制取赖氨酸、柠檬酸、酱油等。淀粉还是淀粉糖工业的基础原料，美国和日本淀粉产量的70%转化为糖浆和葡萄糖等产品。

淀粉及其衍生物大量用于制药及临床医疗等方面。在制药工业中，广泛用于药膏基料、药片、药丸，起到黏合、冲淡、赋形等作用。在临床医疗中，主要用于牙科材料、接骨黏固剂、医药手套润滑剂、诊断用放射性核种运载体、电泳凝胶等。压制药片是由淀粉作赋形剂起黏合和填充作用；有些药物用量很小，必须用淀粉稀释后压制成片供临床使用。另外，淀粉吸水膨胀，有促进片剂的崩解作用。淀粉制成淀粉海绵经消毒有止血作用。葡萄糖的生产主要原料是淀粉，抗生素类、维生素类、柠檬酸、溶剂、甘油等发酵工业的很多产品也都是用淀粉转化生产的。

2. 纺织工业

纺织工业很久以来就采用淀粉作为经纱上浆剂、印染黏合剂以及精整加工的辅料等。淀粉的上浆性能虽不及化学浆料，但淀粉资源丰富、价格低廉，通过适当的变性处理，可使淀粉的性能得到改善，提高黏度的稳定性，能代替部分化学浆料，使纺织品的成本降低，且容易使用，又减少化学污染。因此，淀粉及其衍生物一直是纺织行业的主要浆料。淀粉用于印染浆料（也称黏合剂），可使浆液成为稠厚而有黏性的色浆，不仅易于操作，而且可将色素扩散至织物内部，从而能在织物上印出色泽鲜艳的花纹和图案。在织物精整加工时用淀粉及其衍生物作浆料，可使织物平滑、挺括、厚实、丰满，同时使手感和外观都有很大改善。在织物精整加工时用淀粉及其衍生物作洗涤浆剂，可以防止污染，增强光泽。棉、麻、毛、人造丝等纺织工业用淀粉浆纱，可增加纱的强度，防止纱与织机直接摩擦。使用变性淀粉作浆料可提高纺织品质量并降低成本。淀粉糖有还原染料的作用，能使颜色固定在织物上而不褪色。用淀粉、变性淀粉配制成的黏合剂可用于印染、织物后整理和黏结短纤维。

3. 造纸工业

造纸工业是继食品工业之后最大的淀粉消费行业。造纸工业使用大量淀粉用于表面施胶、内部添加剂、涂布、纸板黏合剂等，以改善纸张性质和增加强度，使纸张和纸板具有良好的物理性能、表面性能、适印性能及其他方面的特殊质量要求。淀粉用于表面施胶可赋予纸张耐水性能，改进纸张的物理强度、耐磨性和耐水性，使纸张具有较好的挺度和光滑度；用于内部施胶，可以提高浆料及纸的表面强度；用于颜料涂布，可以改善纸张的表面性能，提高耐水性、耐油性及强度；用于纸板、纸袋、纸盒及其他加工方面的黏合剂，能够增强纸板的物理性能和外观质量。由于淀粉价格低，用法简易，废水排放少，因此，作为造纸业的重要辅料被沿用至今。而且随着造纸业的发展，对淀粉的需求量不断增大。变性淀粉代替干酪素用于造纸，纸张可长久保存不致发生腐坏现象。

4. 化学工业

淀粉是一种重要的化工原料。淀粉或其水解产物葡萄糖经发酵可产生醇、醛、酮、酸、酯、醚等多种有机化合物，如乙醇、异丙醇、丁醇、丙醇、甘油、甲醛、醋酸、柠檬酸、乳酸、葡萄糖酸等。淀粉与丙烯腈、丙烯酸、丙烯酸酯、丁二烯、苯乙烯等单体接枝共聚可制取淀粉共聚物，如淀粉与丙烯腈的共聚物是一种超强吸水剂，吸水量可达本身重量的几百倍，甚至上千倍，可用于沙土保水剂、种子保水剂、卫生用品等。近年来，淀粉在生产薄膜、塑料、树脂中能使其表现出新的优良性能。淀粉添加在聚氯乙烯薄膜中可以使薄膜不透水（宜作雨衣），也可以使薄膜具有微生物分解性能（宜作农膜）。淀粉添加在聚氨酯塑料中，既起填充作用，又起交联作用，可以增加制品的强度、硬度和抗性并使制品成本降低，利用淀粉这一天然化合物生产化工产品，价格低廉，污染小，随着科学技术的进步，产量不断增加，品种不断增多，质量不断提高，淀粉作为化学工业的重要原料，具有现实和长远的发展前景。

5. 制糖工业

淀粉糖是人类食品中一大类具有一定物理、化学性能及生理功能的碳水化合物，是以淀粉为原料通过各种分解、合成、转化组成的六碳糖为基本单元的组合。淀粉品种繁多，主要品种有葡萄糖、果糖、异构糖、麦芽糖、低聚糖等。淀粉糖味甜温和、纯正，渗透压较高，贮存性好；不易感染细菌，黏度较高，能提高罐头、饮料、冷饮的稠度和可口性；吸湿性较高，能使面包、糕点类食品保持水分，酥松可口；能防止蔗糖结晶，增加果糖的韧性、黏度和强度，不会引起儿童龋齿；对糖尿病、动脉硬化患者无害。因此，淀粉糖在饮食工业的应用日趋广泛。淀粉糖价格比蔗糖和甜菜糖都低，具有较强的竞争力。随着工业技术的发展，淀粉糖系列产品在人类生活中必将日趋丰富。

五、乌兰察布马铃薯全粉加工技术

（一）原料要求

马铃薯全粉生产的首要条件是对马铃薯原料的选取，优质原料不仅可以生产出合格的产品，而且对于节能降耗、提高出品率都具有直接的实际价值。

在选购原料时，一般应选择土块、杂质含量少，薯皮薄，光洁完整，无损伤，无虫蛀，无病的成熟新鲜马铃薯。

为保证加工品的品质和提高原料的利用率，加工不同薯类食品最好选用不同的薯类加工专用品种。加工全粉型优质专用品种，在降低还原糖含量的同时，要提高淀粉含量、营养成分含量及干物质总量。

每一批原料薯规则整齐，芽眼浅而少，果肉浅黄色或白色，如有发芽、发绿、霉变的马铃薯，必须严格将有问题的削掉或者完全剔除，以保证马铃薯制品的茄碱苷含量不超过0.02%，否则将不符合要求。

（二）马铃薯全粉加工工艺流程

1. 原料清理

马铃薯去石除杂，清洗干净。去石除杂、表面清洗是保障产品灰分指标的重要工序，采用流送槽、立式去石提升机、圆筒式清洗机或去石清洗机，通过对马铃薯水流冲洗、相互摩擦、与圆筒体摩擦及比重分离，将原料表面的泥沙清洗干净，使石块沉降，达到去石除杂、清洗下净的目的。

2. 去皮

可采用机械摩擦去皮和蒸汽去皮。摩擦去皮设备相对简单，一次性投资少，但设备处理能力低，去皮损失较大。马铃薯在推进过程中、表皮通过与砂辊摩擦和自身翻滚、自身摩擦将皮层去掉。根据去皮效果，可调整物料的推进速度。马铃薯形状不规则、皮层厚或芽眼深时，需削皮层深度较大，放慢推进速度。蒸汽去皮是当前国际先进的去皮方法，可以避免摩擦去皮的损失和化学去皮的污染。该方法是在压力容器中用高压蒸汽对马铃薯进行短时高温处理，使马铃薯外部皮层细胞在高压突然解除后被爆破。一般蒸汽压力0.6MPa以上，设备结构保证充入高压蒸汽时，每个马铃薯受热均匀，放汽时瞬间减压，进排料方便快捷。蒸汽爆皮后的马铃薯由螺旋输送机均匀输入毛刷式去皮机，在去皮机内去除松皮，并冲洗去皮后的马铃薯，清除其他附着物和释放的淀粉。蒸汽去皮机效率高，产量大，去皮损失小，但设备相对复杂。

3. 切片

马铃薯切片后蒸煮可提高生产率、减少蒸煮时的能量消耗，以满足在蒸煮过程中薯泥成熟度均匀的要求。经过人工拣选、修整后，把合格的去皮马铃薯切成10～15mm的厚片输入下道工序。采用卧式转盘切片机，马铃薯由料斗进入转盘被离心力甩到转盘外沿，并在转盘带动下与刀片相切，完成切片作业。调整厚度调节板上的螺栓即可改变切片厚度，满足生产工艺要求。

4. 预煮和冷却

预煮是将马铃薯在75～80℃水浴中轻微淀粉糊化，这样不会大量破坏细胞膜，却能改变细胞间聚合力，使蒸煮后细胞更易分离，同时抑制酶褐变，起到杀青作用。预煮后薯片进行冷却处理，使糊化的淀粉老化。采用螺旋式预煮机和冷却机，预煮机加热采用蒸汽与水混合，冷却机采用逆流换水，即料流与冷却水流方向相反，提高冷却效率。

通常预煮的工艺参数：温度75～80℃，时间15～25min。

冷却的工艺参数：温度15～23℃，时间15～25min。

最佳温度和时间根据马铃薯的品种、固形物含量不同而进行调整。

5. 蒸煮

蒸煮是马铃薯全粉生产中的关键工序，马铃薯的蒸煮程度直接影响产品的质量和产量。采用螺旋式蒸煮机，在蒸煮机底部注入蒸汽，螺旋推进物料使其获得均一的热量，连续均匀地蒸煮。

通常蒸煮的工艺参数：温度95～105℃，时间35～60min。最佳温度和时间根据马铃薯的品种、固形物含量不同而进行调整。

6. 混合/制泥

颗粒全粉制泥采用混合干粉搓碎回填法。

颗粒全粉的生产工艺是先将蒸煮过的薯片加入适量经过预干燥过筛的颗粒粉，利用多维混合机柔和地将薯片搓碎混合均匀后，制成潮湿的小颗粒，冷却到15～16℃，并保温静置1h。

搓碎的薯片和混合的干粉中细胞破碎越少，成粒性就越好，否则细胞破碎会释放出游离淀粉，游离淀粉膨胀会使产品发黏或呈糊状，难以成粒。填加到薯片（泥）中的干颗粒粉也称为回填粉，回填粉中单细胞颗粒含量多，能更多地吸收新鲜薯泥中的水分，并提高产品质量。

通过采用搓碎与回填并保温静置的方法，能明显地改善由搓碎薯泥和回填物形成的潮湿混合物的成粒性，满足颗粒全粉成粒性好的要求，并使潮湿混合物的水分含量由45%降低到35%，有利于后序干燥。静置过程可能发生的结块现象，可以通过预干燥前的混合搅拌解决。

雪花全粉制泥工序则采用螺旋制泥机挤出制泥，蒸煮过的薯片进入制泥机，通过变螺距使其挤碎成泥，进入后序薄膜干燥工序。生产雪花全粉时，薯片蒸熟度达到80%～85%即可，利于后序滚筒干燥机的操作。

7. 干燥和筛分

制备颗粒全粉的薯泥干燥分两段进行，即预干燥和最后干燥。预干燥采用气流干燥设备，气流干燥由一个向上流动的热空气垂直管道构成，使含水35%的潮湿混合料进入干燥器底部，由热空气向上吹送，使之在上升过程中和在顶端的反向锥体扩散器中悬浮得以干燥。潮湿混合物颗粒经气流干燥至本身重量轻到可以被吹出扩散器时进入收集箱，同时其含水量也降低到12%～13%，进行筛分。第一层筛面配30目筛，第二层筛面配60～80目筛，一层筛下物、二层筛上物为回填物，返回待搓碎的薯片混合机中，二层筛下物进入流化床干燥器进行干燥，此种干燥器是由一个多孔陶制床或很细密的筛网的小室组成。为防止薯泥结块，气体从流化槽底部孔眼向上吹，细粒呈悬浮状通过流化槽，停留时间10～30min，可使薯泥含水量降至7%～9%。

雪花全粉生产中薯泥的干燥，利用滚筒干燥机进行。滚筒干燥机主要工作部件为干燥滚筒，周向分布4～5个布料辊，逐级将薯泥碾压到物料薄膜上，物料干燥后由刮刀将薄膜片刮下，经粗粉碎再由螺旋输送机输送至粉碎机，按要求粉碎到一定粒度。粉碎粒度不宜太细，否则会使碎片周围的细胞破裂，游离出的自由淀粉增多，使产品复水后黏度增加。物料成膜厚度和质量与前段切片、预煮、冷却、蒸煮等工艺相关，调整工艺参数时，应几道工艺联合调整，保证雪花全粉的产量和质量。

8. 防褐处理和贮藏

全粉在贮藏期间有两种变化，一种是非酶褐变，另一种是氧化变质。

防非酶褐变的措施：全粉的贮藏温度低对控制非酶褐变有效；全粉中加入适量硫酸盐（约200mg/kg）也可有效防止非酶褐变；降低全粉的含水量也有助于抑制非酶褐变；选择含还原糖低的马铃薯原料对防止薯泥非酶褐变有利。

防止全粉贮藏期间氧化变质的措施：添加适量抗氧化剂，如叔丁基对羟基茴香醚，2，6-二叔丁基对甲酚等，与部分成品薯泥混合，制成5 000mg/kg抗氧化混合物，然后再添加到成品全粉中，使之达到合适的标准浓度，全粉可存放一年以上。

六、乌兰察布马铃薯变性淀粉加工技术

（一）变性淀粉的概念和分类

1. 概念

变性淀粉是指利用物理、化学和酶的手段来改变天然淀粉的性质，通过切断、重排、氧化或引入取代基于淀粉分子中而制得的淀粉衍生物。如糊化温度、热黏度及其稳定性、冻融稳定性、凝胶力、成膜性、透明性等。变性淀粉的种类多、工艺机理复杂，其研究越来越受到重视。

2. 分类

据统计，我国变性淀粉生产中化学法占72%左右，物理法占20%左右，其余为生物法。变性淀粉的种类繁多，按处理方式，分为以下几类。

（1）物理变性淀粉。物理变性淀粉是指通过热、机械力、物理场等物理手段对淀粉进行变性。物理方法处理后得到的淀粉产品，处理过程没有发生化学变化，按其具体的处理方法可分为预糊化淀粉、微细化淀粉、辐射处理淀粉及颗粒态冷水可溶淀粉等。通过物理变性，天然淀粉的很多物化性质都得到明显的改善，产品应用范围得到扩大。由于物理变性没有添加任何有害物质，所以通过物理变性的淀粉作为食品添加剂越来越受到消费者的关注。近年来，各种现代高新技术的应用，为淀粉的物理法变性开拓了新的发展方向。

（2）化学变性淀粉。化学变性淀粉是将原淀粉经过化学试剂处理，发生结构变化而改变其性质，达到应用要求的淀粉。总体上可把化学变性淀粉分为两大类：一类是变性后淀粉的分子量降低，如酸解淀粉、氧化淀粉等；另一类是变性后淀粉的分子量增加，如交联淀粉、酯化淀粉、羧甲基淀粉及羟烷基淀粉等。

（3）生物变性淀粉。生物变性淀粉主要是指酶变性淀粉。酶变性是通过酶作用改变淀粉的颗粒特性，如链长分布及糊的性质等特性，进而满足工业应用需要。通过酶变性技术生产的淀粉有抗性淀粉、缓慢消化淀粉及多孔淀粉等。

（4）复合变性淀粉。复合变性淀粉是指将淀粉采用两种或两种以上的方法进行处理得到的淀粉。可以是多次化学变性处理制备的淀粉，如氧化交联淀粉、交联酯化淀粉等；也可以是物理变性与化学变性相结合制备的淀粉，如醚化—预糊化淀粉等。采用复合变性得到的变性淀粉具有每种变性淀粉各自的优点。

（二）变性淀粉的加工方法

变性淀粉按生产工艺路线进行分类，有干法（如磷酸酯淀粉、酸解淀粉、阳离子淀粉、羧甲基淀粉等）、湿法、有机溶剂法（如羧基淀粉制备一般采用乙醇作溶剂）、挤压法和滚筒干燥法（如天然淀粉或变性淀粉为原料生产预糊化淀粉）等。目前生产工艺上主要以湿法为主，但随着人们环保意识的增强和控制产品生产成本的需要，干法工艺将成为最有发展潜力的生产方法之一。

1. 湿法工艺

湿法生产变性淀粉即将淀粉分散在水和其他液体介质中，配成一定浓度的悬浮液，在一定温度、pH值、时间等条件下与化学试剂进行氧化、酸化、醚化、交联等反应，生成变性淀粉（图8-5）。

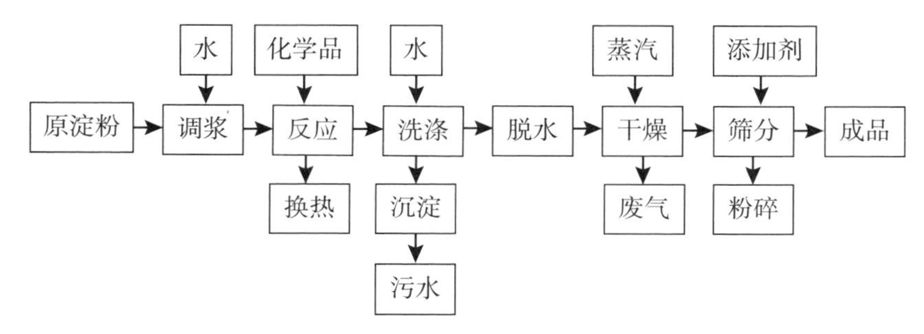

图8-5　湿法工艺流程

2. 干法工艺

干法生产变性淀粉即淀粉在含少量水（淀粉通常含水20%左右）或少量有机溶剂或化学试剂下，在一定温度、pH值、时间等条件下生成变性淀粉的一种生产方法（图8-6）。

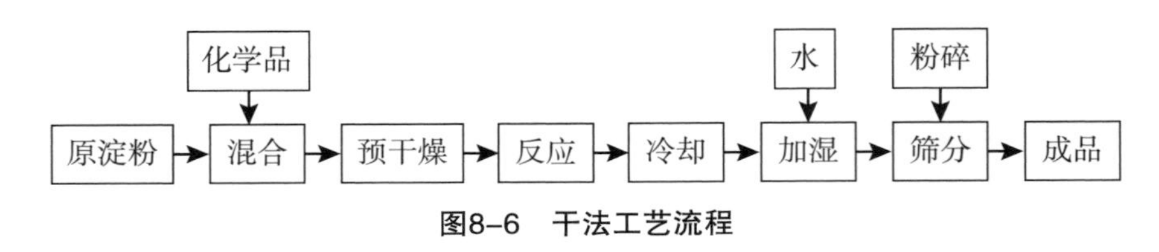

图8-6　干法工艺流程

3. 挤压法

挤压法是使用集输送、混合、加热、加压等多种单元操作于一体的挤压膨化机实现淀粉的变性。已有报道表明，可用它作为制备淀粉磷酸酯和焦糖色素的设备，通过对挤压机结构等参数和工艺条件的调整，能制备出性能和质量很好的淀粉磷酸酯和焦糖色素。这种设备的优点是：可以把几个化学过程操作放在单一的设备中进行，时空产量高；化学反应在一个相对干燥的环境下，短时间内与淀粉的糊化同时发生；设备配套简单、占地小、操作方便、适应性强；可大量连续生产多种类型的变性淀粉；无污水产生。

参考文献

毕金峰，2005. 果蔬低温高压膨化干燥关键技术研究[D]. 北京：中国农业科学院.

崔健，2014. 乌兰察布市马铃薯种薯贮藏病害调查及防治措施[J]. 现代农业（10）：55-56.

杜润鸿，刘文秀，吴刚，等，2001. 油炸薯片的工艺研究及其生产线[J]. 粮油加工与食品机械（3）：23-25.

冯斌，2018. 收获期马铃薯块茎物理特性及损伤机理研究[D]. 兰州：甘肃农业大学.

高胜普，2012. 马铃薯粉的制作[J]. 农产品加工（5）：16-17.

韩天亮，2014. 乌兰察布市马铃薯产业发展战略研究[D]. 呼和浩特：内蒙古大学.

侯飞娜，木泰华，孙红男，等，2015. 马铃薯全粉品质特性的主成分分析与综合评价[J]. 核农学报，29（11）：2 130-2 140.

颉敏华，李梅，冯毓琴，2007. 马铃薯贮藏保鲜原理与技术[J]. 农产品加工（学刊）（8）：47-50.
李瑾，2012. 优质专用型马铃薯试种及筛选鉴定[D]. 青岛：中国海洋大学.
李娜，2014. 玉米淀粉糖生产工艺改进研究[D]. 济南：齐鲁工业大学.
李勤志，2005. 我国马铃薯产业的经济分析[D]. 武汉：华中农业大学.
李瑞国，李洪亮，白云清，等，2016. 低温真空油浴脱水果蔬脆片加工车间设计探讨[J]. 食品工业，37（9）：140-144.
李欣欣，2013. 蜡质玉米变性淀粉的制备及其应用研究[D]. 长春：吉林大学.
李韵涛，2005. 马铃薯薯条及其余料加工工艺的研究[D]. 北京：中国农业大学.
李洲，刘贤慧，李志红，2003. 马铃薯全粉的加工及利用[J]. 山西农业（9）：48.
刘振亚，2019. 不同品种马铃薯的加工适应性及应用研究[D]. 银川：北方民族大学.
罗勤贵，2006. 变性淀粉的生产与应用现状[J]. 粮食加工（6）：50-53.
马莺，2002. 马铃薯加工产品的类型及其发展前景[J]. 中国农业信息快讯（6）：10-11.
乔欣，闫丽君，张占柱，2010. 变性淀粉的种类及应用[J]. 染料与染色，7（5）：44-47.
石立航，2010. 华北部分地区马铃薯贮藏病害的调查及干腐病的初步研究[D]. 呼和浩特：内蒙古农业大学：2-8.
苏日娜，2013. 中国燕麦产业发展研究[D]. 呼和浩特：内蒙古农业大学.
孙庆芸，2002. 马铃薯全粉的加工及综合利用[J]. 中国农村科技（8）：43.
孙忠伟，2004. 芋头淀粉的提取及其性质的研究[D]. 无锡：江南大学.
王瑾，2011. 滚筒干燥机研制及南瓜粉干燥过程数学模拟[D]. 北京：中国农业机械化科学研究院.
王艳，2013. 中长链脂肪酸淀粉酯的酶法合成及其性质研究[D]. 哈尔滨：哈尔滨商业大学.
吴晓玲，任晓月，陈彦云，等，2012. 贮藏温度对马铃薯营养物质含量及酶活性的影响[J]. 江苏农业科学，40（5）：220-222.
吴效东，2007. 乌兰察布市马铃薯病害发生与防治[J]. 内蒙古农业科技（7）：30-31.
徐芬，2016. 马铃薯全粉及其主要组分对面条品质影响机理研究[D]. 北京：中国农业科学院.
徐宁生，2018. 马铃薯栽培技术[M]. 昆明：云南科技出版社：168.

徐烨，高海生，2018. 国内外马铃薯产业现状及贮藏技术研究进展[J]. 河北科技师范学院学报，32（4）：24-31，47.

闫东升，2012. 马铃薯脱毒种薯行业发展前景分析[D]. 呼和浩特：内蒙古大学.

袁丽娜，2009. 甘薯全粉细胞抗破损及其浓浆食品研究[D]. 武汉：华中农业大学.

袁佐云，2016. 全麦粉抗氧化特性及全麦馒头品质改良研究[D]. 北京：中国农业科学院.

张龙，2017. 马铃薯淀粉糊化性质及无矾马铃薯粉皮加工工艺研究[D]. 杨凌：西北农林科技大学.

张琦琦，2009. 马铃薯淀粉品质的基因型差异及分离趋势的研究[D]. 哈尔滨：东北农业大学.

章华伟，2003. 荞麦淀粉的加工工艺、特性及其改性研究[D]. 杨凌：西北农林科技大学.

赵奕昕，2016. 马铃薯生粉加工工艺及其营养与功能特性研究[D]. 乌鲁木齐：新疆农业大学.

赵勇，2008. 降低油炸食品含油量的研究[D]. 重庆：西南大学.

郑磊，2012. 怀山药速冻工艺及货架期预测的研究[D]. 郑州：河南农业大学.

郑威，张丽莉，陈伊里，等，2006. 马铃薯淀粉特性及其工业用途[C]//2006年中国作物学会马铃薯专业委员会年会暨学术研讨会论文集：311-315.

钟耕，2003. 葛根淀粉和藕淀粉的理化性质及血糖指数体外测定的研究[D]. 重庆：西南农业大学.

钟焕贵，2009. 变性淀粉与食品胶体协同作用的研究[D]. 广州：华南理工大学.

周添红，2018. 马铃薯淀粉加工废水资源化及尾水可见光催化深度净化研究[D]. 兰州：兰州交通大学.

朱旭，2010. 贮藏温度和堆码高度对克新号马铃薯贮藏损失及品质影响的研究[D]. 长春：吉林大学：23.

内蒙古自治区市场监督管理局，2019. “乌兰察布马铃薯”鲜食薯贮藏技术规程（DB15/T 1727—2019）[S].

中华人民共和国国家质量监督检验检疫总局，中国国家标准化管理委员会，2011. 马铃薯 通风库贮藏指南（GB/T 25872—2010/ISO 7562：1990）[S].

中华人民共和国国家质量监督检验检疫总局，中国国家标准化管理委员会，2012. 马铃薯种薯（GB 18133-2012）[S].

第九章　乌兰察布马铃薯营销浅析

乌兰察布马铃薯种植面积和产量占内蒙古的近1/2，占全国的近5%，农牧民来自马铃薯种植的收入占到种植业收入的1/2。

近年来，乌兰察布以做强种薯产业为方向，以培育引进深加工企业为重点，不断推动马铃薯全产业链发展，发展速度和质量得到了全社会的认可，影响力逐年扩大。2017年，乌兰察布马铃薯荣获“全国百强农产品区域公用品牌”荣誉称号。2018年，乌兰察布马铃薯跻身“中国农民丰收节”100个农产品品牌名单，被国家九部委评为“中国特色农产品优势区”。并于2015年、2016年、2017年、2019年4年入围中国品牌价值评价榜，品牌强度分别是836、720、910、845，品牌价值分别为105.66亿元、114.91亿元、125.66亿元、126.46亿元。2019年乌兰察布马铃薯凭借在品牌农业建设领域作出的积极探索与突出成绩，荣获“中国品牌农业神农奖”荣誉称号。

近年来，随着马铃薯产业的发展，乌兰察布马铃薯不仅能够完全满足当地自身需求，而且是全国重要的种薯、商品薯市场的主要组成部分，外销量逐年增加。种薯在内蒙古自治区主要销往锡林郭勒、呼和浩特、包头等地，区外主要销往河北、云南、广西、山东等地；鲜薯在区内销往呼和浩特、包头、通辽、赤峰、鄂尔多斯等地，区外销往北京、天津、山东、上海、河南、广东、浙江、四川、湖南、湖北等地。

第一节　马铃薯消费类型

马铃薯的消费可以分为食用、种用、加工、饲用4个部分，其中在乌兰察布食用消费类型是最主要的部分。之前，乌兰察布生产的马铃薯主要以满足乌兰察布市内消费者的需求为主，一般农户处理规律为，最好的12%左右出售给周边城镇居民食用，剩余部分农户多为自己留用，有数据显示，自己留用部分分配比例为：食用18%，加工20%，饲用30%，种用10%，损耗10%。

随着马铃薯产业的发展和马铃薯商品率的不断提高，逐渐形成以食用消费类型为主，加工和种用消费类型齐头并进的局面，饲用比例逐年下降，同时随着运输、存储条件的改善，马铃薯的损耗也在大幅度下降。伴随着乌兰察布脱毒种薯生产体系逐渐建立起来以及马铃薯产量的增加，马铃薯的外销量逐年增加。以2018年为例，全市共有170万t左右的马铃薯销往市外其他地区，占同年乌兰察布马铃薯总产量的42.5%左右。市外其他地区对乌兰察布马铃薯的消费主要集中在新鲜食用及种薯部分，其中新鲜食用100万t，脱毒种薯70万t。

一、食用消费

马铃薯在乌兰察布的饮食结构中扮演着非常重要的角色，据考证当地把马铃薯作为主食已经有200多年的历史，马铃薯饮食习惯已逐渐演绎为一种文化，深深地融入了乌兰察布人民的血脉当中，当地餐饮中以马铃薯为原料的主食和菜品非常丰富，马铃薯是乌兰察布人餐桌上必不可少的食品。乌兰察布马铃薯食用消费总量约为60万t，占同年马铃薯总产量的15%左右。

二、种用消费

目前，乌兰察布马铃薯种用消费量大，脱毒种薯覆盖率高于全国平均水平，达到90%以上。乌兰察布马铃薯用种量约为50万t，占马铃薯总产量的12.5%；外销70万t，占马铃薯总产量的17.5%。

经过多年的努力，乌兰察布从马铃薯良种源头入手，高度重视良种繁育体系建设，不断提升种子生产能力，培育了一批种薯生产企业。目前全市登记注册的种薯企业有8家，其中注册资本为5 000万元以上的企业有4家，分别为民丰薯业、嘉恒农科、希森和正丰公司，种薯生产主要以淀粉及精淀粉种薯生产为主。基本形成了从茎尖脱毒、组培快繁、温（网）室生产微型薯到原种繁育的一套良繁体系，全市达到了马铃薯田每三年更换一次良种的能力。

三、加工业消费

近年来，随着乌兰察布马铃薯产业化的不断推进，加工业也得到了快速发展，基本形成了门类齐全，初具规模的加工格局。截至目前，全市马铃薯重点加工企业约有29家，年销售收入500万元以上的马铃薯加工企业有18家，代表企业有美国康家食品蓝威斯顿商都加工厂、内蒙古薯都凯达食品有限公司等。其中土豆集（内蒙古）农业科技有限公司（集宁区）为最大的马铃薯淀粉加工公司，主要以加工精淀粉和变性淀粉为主，总产量达5万t左右。其他加工企业仍侧重于马铃薯食品方面的初加工，如全粉、粉条、粉丝及薯条、薯片的加工，代表企业有富广食品集团有限公司（察右前旗），明兴农牧业开发有限公司（兴和县），内蒙古丰镇祥凤薯业有限责任公司（丰镇市），靖华精淀粉厂、三友农牧业发展有限公司、力仁淀粉制品有限责任公司（四子王旗），科都薯业有限责任公司（商都县），科银淀粉有限公司（察右中旗）等。

在科技创新方面，乌兰察布市政府和企业持续加强与中国农业科学院、西北农林科技大学等在马铃薯加工研发方面在国内属于一流水平的高等科研院所的合作力度，已开发速冻薯条、速冻薯泥、脱水性膳食纤维、无矾水晶粉等深加工制品，同时利用马铃薯加工废渣、废水研制开发薯蛋白、动物饲料等产品，最大限度地提高废渣、废液资源综合利用效率，减少加工废弃物排放量，目前已取得实质性进展，马铃薯产业化链条得到进一步延伸。

马铃薯加工是“产加销”中关键的一环，乌兰察布逐渐从过去传统的马铃薯粗淀粉、全粉、蛋白粉等产品向精包装产品转型，不断延伸产业链。以“内蒙古薯都凯达食品有限公司”为例，其主要产品为速冻薯条和真空低温油炸薯类产品，年处理马铃薯能力达到16万t。引进荷兰、比利时等国际顶尖智能马铃薯加工设备，公司自主研发了10多种农产品深加工设备，二者集成使用，拥有32项自主研发的国家专利，生产线目前处于世界一流水平。产品主要通过两种渠道进行销售；一是通过代加工销售，已与百事集团、正大集团、盼盼集团、思念集团、三只松鼠等国内外大型食品集团和零售商超企业合作；二是通过开发自主品牌销售，依托国内生产优势和“乌兰察布薯都”品牌，向全国市场推广该企业自主品牌“脆脆乐”“薯都薯”“薯香飘”等系列产品。目前该公司80%产品出口国外。

四、饲用消费

在乌兰察布，马铃薯被用于饲养家畜有着悠久的历史，作为一种营养价值极高的高产作物，马铃薯一直是乌兰察布农村最主要的饲料来源，农户将筛选剩余下来的“小土豆”或者在满足日常食用、销售、留种、淀粉等计划之外的马铃薯当作饲料，饲用方式为“焖”熟后捣碎或掺拌其他农作物。随着乌兰察布马铃薯商品率的提高，以及人民生活水平的提高，目前马铃薯用作饲料的比例显著下降，占整体马铃薯消费水平的比例可以忽略不计，仅在部分偏远地区的农户当中存在。

五、损耗

马铃薯是一种比较笨重、非常容易变质的农产品，在运输过程中的挤压、碰撞以及存储过程中温度和湿度的控制不当，都会造成损耗。马铃薯的损耗是指从生产到消费者手中各个环节导致的损失，主要发生在贮藏和运输期间。乌兰察布由于其特殊的气候条件，除少部分早熟品种之外，其他品种从收获期到封冻期仅有不到一个月的短暂时间，难以完成销售，再加上消费者分散在全国各地以及市场需求周期长，加之市场价格的波动较大，薯农存在等待观望的现象，这段时间乌兰察布的马铃薯大部分都需要入窖贮藏以及长距离的运输。客观程度上马铃薯贮藏提升了乌兰察布马铃薯反季销售的能力，延长了马铃薯全年上市的时间，增加了马铃薯的产值。

乌兰察布的马铃薯90%以上依靠自然通风降温的传统设施贮藏，传统储窖损失率高。2005年之前，乌兰察布马铃薯的平均损耗率为10%左右，甚至更高。之后，随着对马铃薯产业的重视程度提升，乌兰察布马铃薯的贮藏、运输条件得到了很大的改善，使马铃薯的烂薯率下降到约为8%，马铃薯的损耗率下降到5%左右。

第二节　马铃薯价格走势分析

一、马铃薯价格波动情况

近年来，乌兰察布的马铃薯由于多种原因价格波动幅度较大，大起大落的马铃薯价格变化让薯农一时看不到、看不清市场。从2001年开始，乌兰察布马铃薯的价格整体上是上升态势，但是主要转折发生在2009—2012年，价格波动剧烈。2010年乌兰察布马铃薯平均价格能达到1.85元/kg，而到了2011年就降到了0.9元/kg。后经过政府对市场的调控，2012—2013年马铃薯价格恢复到1.2元/kg左右。但是经过2011年的市场动荡对部分薯农和企业造成了致命的打击，马铃薯严重滞销。2013年乌兰察布马铃薯大获丰收，再加上仓储条件的提升，薯农都在观望，本以为能够“翻身”，没想到市场仓储过度，供需关系严重不对称，出现了增产不增收的现象。2014年乌兰察布旱情严重，马铃薯产量不足且质量差。2015年种植面积减少，虽产量略有回升，但仍然不能满足市场，价格又一次被抬高，平均价格达到1.5元/kg左右。

近几年来，乌兰察布的马铃薯市场较前几年有较大的改善，但2017年依旧发生了“薯贱伤农”的现象。下面以2016—2019年的市场进行分析。

2016年，马铃薯市场维持稳定状态，商品薯克新1号1.10元/kg左右，荷兰十五1.26元/kg左右，冀张薯12号1.32元/kg左右，夏波蒂1.30元/kg以上，具体价格根据马铃薯薯型和大小而定，3两（1两≈0.05kg）以下小薯主要用于淀粉加工，克新1号0.52元/kg，夏波蒂0.64元/kg。种薯价格在3.2～3.6元/kg。

2017年马铃薯收获初期，以克新1号为主的鲜食薯价格0.90元/kg左右，品相好的1.00元/kg左右，夏波蒂等加工专用薯1.40元/kg左右，同比价格持平略降，交易量同比减少三成。超过60%的马铃薯入窖贮藏，同比增加10%，而后随着上市量增大价格逐渐下降，但是受到10月初降雪的影响，价格又略有回升。10月中旬冀张薯12号1.00～1.10元/kg，荷兰十五1.2元/kg，价格与2016年基本持平。由于受市场供求关系的影响，普遍走货较慢。自马铃薯大规模入窖时开始，市场持续低迷，一直到2018年3月底价格跌入谷底，大量窖储商品薯不得不以0.30～0.40元/kg的价格销往淀粉厂，不及往年秋季淀粉厂地头收购小薯价格。同期，全国马铃薯主产省（区）价格均有较大幅度的下跌，处于近5年来最低位。

2018年8月中旬开始收获的品种，3两以上的地头价格能卖到1.40元/kg以上；进入9月，荷兰十五价格降到1.30元/kg左右，冀张薯12号价格1.20元/kg左右，克新1号1.00元/kg左右；9月下旬冀张薯12号和克新1号等大货价格普遍降到1.00元/kg以下；国庆节过后由于多数马铃薯已经收获入库，地头价格回升到1.20元/kg以上。其中3两以上商品薯销售价格为夏波蒂1.30～1.60元/kg，荷兰十五、冀张薯系列1.20～1.30元/kg，克新1号1.10～1.24元/kg，荷兰十五1.30元/kg左右。3两以下小薯主要用于淀粉加工，收购价格0.40～0.50元/kg，夏波蒂、费乌瑞它等专用薯价格略高于克新1号。

2019年马铃薯总体销售形势略好，销售价格与2018年同期相比稳中略升。8月收获初期销售价格较高，希森、荷兰系列优质品种1.50元/kg，最高1.60元/kg，到9月略有下降，为1.40元/kg左右。受集中上市和周边地区马铃薯低价影响，部分品种价格较收获期下降0.2元/kg左右，3两以上商品薯销售价格为，希森系列1.30～1.40元/kg，冀张薯系列0.90～1.10元/kg，华颂系列1.10～1.30元/kg，荷兰系列1.30元/kg左右，兴佳2号、青薯9号1.30～1.40元/kg, 克新1号0.8～0.9元/kg。以大西洋、夏波蒂为主的薯条、薯片专用品种订单价格较鲜食薯平均价格高，为1.50元/kg左右。

二、影响马铃薯价格的主要原因

从上述2016—2019年的马铃薯价格行情来看，2017年底到2018年初马铃薯价格发生断崖式下降，马铃薯价格的大幅度波动使马铃薯市场萎靡不振，薯农积极性严重受挫，对全区乃至全国的马铃薯市场都产生了消极的影响。马铃薯市场价格的波动往往是多重因素共同作用的结果，本节以该期间的马铃薯价格波动实例为切入点进行分析，从市场供给、供应格局、消费市场、供给与需求、产地自身发展等主要因素，以及品牌、区位等客观因素阐述影响马铃薯价格波动的主要原因。

1. 国内外供给增加

2017年全国马铃薯种植面积、单产、总量均有增加。据农业农村部统计，2017年全国马铃薯种植面积约9 067万亩，同比增加224万亩，单产同比增加1.2%，总产鲜薯约1.1亿t，同比增加380万t。同期，与乌兰察布收获期相近的北方8省（区）产量增加150万t，乌兰察布传统南方销售区湖北、湖南、重庆、四川、云南等地产量增加150万t。同时东南亚的孟加拉国和巴基斯坦冬作马铃薯面积扩大面积比较明显，而且这些国家的种植成本较中国低，由于距离马铃薯主要进口国的距离近、运费低，对我国东南亚的鲜薯出口形成较大的替代作用。

2. 周年供应格局形成

我国马铃薯分为4个生产区域，各区域种植时间的差异使全年各月均有鲜薯上市，且各区域均有外销。乌兰察布及东三省和甘肃等北方一季作区，鲜薯上市时间从7月中旬持续到10月下旬；河北、山东、江苏等中原二作区鲜薯4月上旬至6月中旬、11月两次上市；云南、贵州、四川等西南混作区鲜薯2月中旬至5月下旬、7—11月两次上市；广东、广西等南方两作区鲜薯2月上旬至5月底、12月两次上市，全国各大生产区的周年供应削弱了乌兰察布窖储马铃薯销售市场“补缺”优势。

3. 鲜食薯消费市场萎缩

近年来全国各地蔬菜等农副产品种类丰富、供给充足，特别是蔬菜供给的增长抑制了马铃薯消费的增长。据农业农村部统计，2017年全国蔬菜产量8.12亿t，同比增加1 670万t，增幅2.1%，全国28种蔬菜批发均价同比下跌10.6%；据内蒙古自治区农牧厅统计，2017年全区蔬菜产量1 679.5万t，同比增加3.8万t。

4. 供给与需求错位

（1）品种结构与需求错位，销售价格较高、市场需求增加较快的高质量加工专用薯供给不足。以加工专用品种夏波蒂为例，价格高出克新1号等普通鲜食品种0.2元/kg以上，但2017年乌兰察布鲜食薯种植比重仍占70%以上，鲜食薯一薯独大的局面并未根本改变。据不完全统计，全市的薯片、薯条加工企业年需加工专用薯20万t，目前全市能提供符合要求的加工专用薯不足5万t。以薯条、薯片外资加工企业蓝威斯顿为例，年加工专用薯能力12.5万t，但全市境内有效订单生产量不足3万t。

（2）品质结构与需求错位，当前市场对马铃薯品质的要求越来越高，薯型、色泽、口感、营养等品相好、质量高、有特色的产品销售较好。2017年秋季，中加2号和华颂7号供不应求，售价一直保持在1.60元/kg以上；地方特色品种后旗红，优质商品薯价格始终保持在1.40元/kg左右，而克新1号秋季最高时也仅1.10元/kg。

5. 产地加工发展滞后

（1）加工专用薯基地建设滞后，原料供应与加工需求严重脱节，乌兰察布马铃薯基地种植长期以传统商品薯为主，没有专注于加工专用薯的引进、培育和推广，其主要原因，一是加工龙头企业自建专用薯基地不足，同时由于加工薯种植大产、合作社尚未与加工企业形成订单农业、生产资料入股等紧密型利益联结机制，“龙头企业+合作社+加工专用薯基地”的发展模式也没有得到进一步完善和推广；二是以大西洋、夏波蒂等为主的加工专用薯，对土壤质量、栽培水平等都有较高要求，种植成本高，产品合格率低，效益得不到保障，导致农民种植的积极性不高，种植面积和产量都不能满足加工业迅速发展的需要。此外，龙头企业规模小带动能力弱，加工薯种植大户、合作社尚未与加工企业形成订单农业、生产资料入股等紧密型利益联结机制，买方与卖方的矛盾仍然存在。

（2）加工产品结构单一，精深加工能力不足。目前，乌兰察布实际加工转化率仅为26%，由于大部分加工企业生产规模小，技术设备落后，技术创新不足，新配方和新产品开发有限，多数企业仍停留在初级加工阶段，加工产品多以淀粉、粉丝和粉皮为主，变性淀粉、马铃薯全粉、薯条薯片等高科技含量、附加值较高的产品所占比重偏低，产业效益难以实现最大化，加工产品结构有待进一步调整优化。

（3）资源综合利用率低，面临环境污染压力大。由于马铃薯加工业产生的废水和废渣无害化处理投入大，大部分加工企业难以承受再投入资金需求负担，导致企业环保不合规，排放难达标，不能维持正常运营，2/3的企业处于停产、半停产状态，只有极少数大型龙头企业配置了废渣或废液无害化处理设备，这一问题已经成为制约马铃薯加工业持续发展的重要瓶颈。

6. 品牌效应发挥不足

（1）品牌溢价能力发挥不够。乌兰察布马铃薯有牌、有质、有量，但无溢价，品牌效应无法得到有效发挥，品牌价值不明显，受制于产品本身价值及国民生活方式限制，产品中高端输出路线受阻，输出方式多数依靠地头大批量低价走量。

（2）品牌使用率不高。据企业实际情况反映，乌兰察布马铃薯曾存在冠以“乌兰察布马铃薯”品牌后无人购买的窘境，效益无法保障致使品牌使用积极性不高。

（3）品牌规划不足。截至目前，品牌发展尚无明确战略规划，品牌培育保护和发展机制不健全，品牌政策支持和市场监管亟待加强，规模大、科技含量高、带动能力强的“品牌”龙头企业数量较少。

（4）品牌宣传不到位。目前品牌有效宣传途径仅限于纸媒及展会推介，新科技、新媒体宣传手段运用不足，无法打破信息流通的高墙。

7. 区位优势发挥不足

乌兰察布具有非常优越的区位优势，但是，薯农以及大部分经纪人多数不愿意去外地销售。主要是因为目前乌兰察布马铃薯品牌影响力、现有的营销网络等因素与区位优势之间没有合理的链接机制。例如，几年前乌兰察布的马铃薯要进入北京市场，却要舍近求远地先到山东寿光再进入北京，既增加了成本也缩短了保鲜时间。同样在2017年马铃薯市场出现困境的情况下，即使南方很多市场上马铃薯的价格在2元/kg左右，乌兰察布马铃薯薯农也不愿意去开发市场，主要原因就是销售网络不健全，临时组建的运输方式运输成本太高，存在“来五去五”的可能性。可见，乌兰察布的区位交通优势还没有充分发挥出来。

此外，供销信息不对称以及种植户期望收益过高，也影响了马铃薯的适期销售。

第三节　政策对马铃薯行业的影响

一、马铃薯种薯补贴

政府的政策对马铃薯消费量的影响主要体现在脱毒种薯的补贴上。以前，传统薯农习惯自己采用上一年的商品薯作为下一年的种薯进行播种，而且脱毒种薯的价格高于自留种，加之没有科学的栽培技术支撑，种种原因抑制了对马铃薯脱毒种薯的使用量。近年来，随着政府宣传及科学种植方法的大力推广，乌兰察布马铃薯脱毒种薯的使用量逐渐增加。

优质种薯是马铃薯产业链的基础和核心。国家和自治区从2004—2019年，在乌兰察布实施马铃薯种薯良种补贴项目。2014年补贴标准为每亩补贴80元，2011年每亩补贴100元，2015年补贴脱毒种薯标准为1.0元/kg，2018年补贴级别为原种以上，补贴标准为180元/亩。马铃薯良种补贴项目的实施有力地推动了乌兰察布马铃薯产业的快速发展，有效地促进了脱毒种薯和综合配套高产栽培技术的快速推广普及，为乌兰察布马铃薯产业的发展和农民稳定增收作出了重要贡献。

2019年市政府第4次常务会议上，审议并通过了《乌兰察布市2019年马铃薯脱毒种薯补贴实施方案》，针对冀张薯8号、希森6号、荷兰15等28个适宜乌兰察布气候特点、市场经济看好的品种，级别在原原种及原种以上，按照不同级别和规模进行补贴，目的是进一步提高种植户对马铃薯脱毒种薯的认识和种植积极性，全市脱毒种薯覆盖率达到并稳定在90%以上，马铃薯单产提高15%

以上，专用薯推广率达到60%以上。

在补贴政策的影响下，一些在乌兰察布种植多年但近年来不能满足市场需求的以克新1号为例的马铃薯品种，逐步被淘汰。一些丰产性好、品质好、适应市场需求的新品种，如希森系列、华颂系列、中加系列、荷兰薯系列、冀张薯系列、中薯系列、夏波蒂、费乌瑞它、大西洋等品种逐步得到推广，种植比例增加，特别是希森6号、中加2号、青薯9号等品种，农民认可度高、市场销售好，以其独特的口味、极佳的品质、优质的商品性享誉全国。

同时，随着国家“马铃薯主粮化”战略的提出，山东、海南、安徽、广州等地马铃薯种植面积随之扩大，但由于其气候、贮藏方式等限制因素，导致其当地不能自己留种，来乌兰察布调运种薯的区外客户逐年增加，种薯需求量市场被看好。乌兰察布抓住这一商机，结合种薯补贴政策大力发展种薯产业，加快扩建原种薯繁育基地，以满足全国马铃薯种薯的需求。

这些马铃薯补贴政策对于本市种植大户短时间内而言，市场产品规模突然增大、品种数量增多，一定程度上加大了竞争压力，市场争夺会变得更加激烈。但对于全市整个行业以及育种企业长远来说，种薯补贴政策对优化乌兰察布马铃薯种植结构、满足加工企业和消费市场的需求等方面起到了引导和刺激作用，对于量变和质变都有积极的影响，但政府主管部门一定要持续科学地关注该产业，客观理性的尊重市场，同时要补齐政策短板，做好顶层设计，合理评估分析并长远地进行产业规划。

二、马铃薯主食产品及产业开发补贴

2015—2017年，农业部启动马铃薯主粮化发展战略以来，乌兰察布将中央财政支持马铃薯主食产品开发试点设在兴隆食品有限责任公司和内蒙古娃姐食品有限公司。通过项目的支持和辐射，乌兰察布马铃薯主食加工企业陆续开展了马铃薯主食等产品加工生产，现已开发生产出60多个马铃薯主食产品，在全市大小型超市销售，并辐射到周边地区，市场反响较好。

第四节　马铃薯未来流通趋势分析

农户生产的马铃薯只有经过市场流通才能进入消费领域，对马铃薯流通的

分析是马铃薯市场营销分析的重要组成部分。马铃薯的流通渠道是指农产品从生产者手中转移到消费者手中所经过的途径，乌兰察布生产的马铃薯，除了需要满足本地市场的需要外，还有大部分马铃薯经过远距离运输，远销到全国各地。总的来说，乌兰察布马铃薯的流通渠道主要有如下几个。

一、集贸市场

在乌兰察布马铃薯产业发展的初期，集贸市场在乌兰察布马铃薯的流通渠道中曾经占据着极其重要的地位，农户生产的马铃薯除了自己留用外，通过小型农用运输工具把剩余部分在集贸市场销售给当地城镇居民食用。集贸市场以销售为主，除了农户自己出售的马铃薯外，还有部分来自批发市场。集贸市场马铃薯价格相对商场超市等零售市场略低，但是此销售渠道受地域限制比较明显，交易量有限。随着马铃薯大型批发市场及零售市场的建设和发展，集贸市场在乌兰察布马铃薯流通中的占比将逐渐下降，但在整个马铃薯的流通体系中仍然有着一定的地位，每个旗县有2～3个。

据不完全统计，乌兰察布在集贸市场、批发市场和产地之间活跃着200多位马铃薯经纪人，他们是马铃薯市场的活化剂和连通器，是马铃薯流通的参与主体，对马铃薯销售起着重要作用，但现在还没有纳入政府统计管理范畴。集贸市场是马铃薯经纪人获取市场信息的重要渠道，既接触薯农，也接触终端消费者，还联系一定数量的商贩。部分经纪人工作季节性强，自己同时也是马铃薯种植大户，有着较丰富的市场经验。大多数经纪人有一定的资金积累，在当地有一定的声望或者在区域行业内有一定的“话语权”，具有较强地获得马铃薯市场产销信息的能力。这些马铃薯经纪人大多数拥有或租用部分贮窖，同时拥有小吨位卡车作为运输工具，在长距离运输时雇用大吨位的卡车，一些马铃薯经纪人还与铁路部门联系，利用火车运输新鲜的马铃薯走向市场。

二、批发市场

马铃薯批发市场包括产地批发市场和销地批发市场两种，乌兰察布的马铃薯批发市场大部分属于产地批发市场。产地批发市场是位于马铃薯主要产区的批发市场，它是为马铃薯大批量交易提供服务的场所。批发市场有较广的辐射功能，可以吸引和汇聚本地区大量的马铃薯生产者，在集中的时间内完成交易，再发散到其他市场。近几年，传统的集贸市场已不能满足马铃薯批量交易的需求，因此乌兰察布的马铃薯产地批发市场也顺势发展起来，并在未来一段时间将承担并发挥更大的效能。

按照“大生产、大流通、一体化”的要求，乌兰察布不断强化流通服务、信息服务、中介服务，现已建成马铃薯交易市场等规模以上11处。目前，最主要的有以下4个马铃薯交易市场。

乌兰察布集宁区丰泰长信果品蔬菜批发市场，营业摊位500多个，地下储窖5 000m^2，农产品流通达25万t，可实现交易额3.5亿元。

内蒙古亚雄农产品交易市场，总储存能力为4 800t，市场内水、电、路、信息服务网络配套。设有市场管理中心、商务服务中心、科技服务中心、质量安全检测中心，年吞吐量达1.5亿kg，交易额1亿元。

察右后旗北方马铃薯批发市场有限责任公司，是乌兰察布规模最大、设备最先进的马铃薯批发市场，公司建有千吨以上储窖3处，总储量15 000t，公司先后注册了“富奇”“乌兰土宝”等商标，公司初步形成了“龙头企业+合作社+基地+农户”，产、供、销，种植养殖一体化的新型生产经营模式，年销售马铃薯1亿kg以上。

四子王旗北方马铃薯交易市场，该市场现有交易大厅1处，马铃薯储窖10座，总贮存能力达到1 250万kg，初步形成了集交易、住宿、餐饮、仓储为一体，功能较为完善的专业性批发市场，累计完成投资650万元。年交易量0.9亿kg，年交易额4 400万元，实现税收230万元。

三、零售市场

马铃薯的零售市场是马铃薯的最终交易场所，消费者直接接触，处于马铃薯流通环节中的最后一步，主要包括商场超市、便利店、露天市场、线上零售等方式。零售市场的规模和效率，对整个马铃薯的流通速度和效率都会产生影响。零售市场上的马铃薯主要来源于固定合作的批发市场或者马铃薯加工企业，也有大部分经纪人与零售市场直接对接，线上马铃薯交易在乌兰察布目前处于起步阶段。据了解乌兰察布的个别马铃薯经纪人直接与北京等地的零售商联系，减少了中间环节，大大提高了马铃薯的流通效率，节省了流通费用。随着马铃薯品牌战略的实施以及我国农产品零售业的发展，商超、市场等线下模式将与线上交易、配送等零售模式多元共存。

四、马铃薯展览洽谈会

乌兰察布政府层面高度重视马铃薯宣传和销售的问题，近年来针对销售难、市场少等难题，每年都举办马铃薯展览洽谈会。马铃薯展洽会是一种由政府引导和扶持直接有效的新兴市场，在未来一段时间由政府“带货”的模式会继续延续和创新，对于加快推进马铃薯产业发展，不断提升“中国薯都”品牌影响力起到了积极地推动作用。下面是2015—2018年乌兰察布马铃薯展洽会的规模和成果。

2015中国薯都·乌兰察布马铃薯（国际）展洽会暨晋冀蒙陕十城市产品展销会活动中，共签订马铃薯及其产品销售协议89份，协议金额12.03亿元，销售量达75万t。

2016中国薯都·乌兰察布马铃薯（第六届）展洽会中，共签订协议52份，协议金额7.78亿元，数量41.75万t。其中，签订冷凉蔬菜协议3份，协议销售1.15万t，协议金额1.265亿元；其余为马铃薯鲜薯及制成品，数量40.6万t，协议金额6.52亿元。

2017中国薯都·乌兰察布第七届马铃薯展洽会活动中，有65对采购商、供应商进行了面对面的对接。此次展洽会吸引了来自北京、天津、山西、河北、山东、陕西等地的采购商参加。乌兰察布126家企业和马铃薯种植大户在会议展厅进行了产品宣传展示。签订合作协议106份，协议金额4.2亿元。

2018中国薯都·乌兰察布第八届马铃薯展洽会暨京蒙合作助力脱贫攻坚对接会活动中，签约、协议以马铃薯为主，包括冷凉蔬菜、特色农畜产品购销合作协议59份，金额达3.27亿元，其中现场签约28份，金额1.58亿元。

五、乌兰察布马铃薯电子交易中心

线上交易逐渐成为人们日常消费的主要方式，目前正在迅速地影响销售格局，是一场大数据下的经济革命，马铃薯营销如何能够准确、快速的搭上这趟快班车是关乎整个行业今后发展的重要问题。乌兰察布政府高度重视，态度鲜明，迅速启动电子交易平台。2019年8月，乌兰察布马铃薯电子交易中心、全国批发市场马铃薯直销网点开始启动，目前正在建设乌兰察布马铃薯流通体系，包括本地专业化线上交易平台和线下交割中心，计划将在全国批发市场建立216个生态马铃薯直销点。正式建成后将实现本地马铃薯交易的标准化和规模化，逐步解决乌兰察布马铃薯销售难问题，改变乌兰察布马铃薯流通体系不完善的局面，提高本地马铃薯的标准化水平，推动品牌和营销体系建设。同时有助于调整农业种植结构，助力农业供给侧改革和精准扶贫，用市场数据引导种植，以服务提升生产质量，改变传统的以产定销思维，帮助农民种好薯、卖好价，与薯农建立紧密的利益连接机制，为增加贫困地区农民收入发挥积极作用。

第五节　马铃薯营销建议

一、构建马铃薯营销网络

（1）发挥区位优势，打造多元市场。依托乌兰察布市经济纽带及区位物流通道，发挥短途物流交换频次高、时间短、运力足、信用关系稳定的优势，稳住蒙中晋北等传统近缘市场；融入入京“物流三小时经济圈”，主攻京津冀市场，逐步打入京津冀“中央厨房”；作为对接俄蒙欧的桥头堡，拓展俄蒙欧、东南亚、朝韩日等海外市场。

（2）培育马铃薯经纪人队伍，拓宽营销渠道。大力支持农民个体或合伙创办马铃薯营销公司，对马铃薯营销专业合作社、经纪人和运输大户以及流通企业，提供扶持措施和优惠政策。通过服务和引导，提高经纪人队伍的组织化程度，增强创收能力，最大限度地促进销售。扶持鼓励市内龙头企业、种植大户和经销商在终端市场建立马铃薯直销窗口，努力提高马铃薯产销衔接能力，如在北京、上海、广州等主要销售区建设马铃薯专业批发市场，同时，鼓励各大种薯企业在各个马铃薯主产区建立种薯直销点，并积极培育国外市场。

（3）健全完善马铃薯市场体系，提高流通效率。在现有已建成的如乌兰察布市集宁区丰泰长信果品蔬菜批发市场、内蒙古亚雄农产品交易市场、察右后旗北方马铃薯批发市场、四子王旗北方马铃薯交易市场等大中型交易市场的基础上，加快集成农产品与食品交易、冷链仓储、物流配送、监测检测等功能。同时开展电子化交易和标准化工作，建立标准交割仓库，逐渐培育成为我国（北方）马铃薯期货交易市场，马铃薯期货交易市场将为政府的产业政策制定、农民的马铃薯种植销售、企业的收购提供权威的价格指导，有助于引导马铃薯产业种植结构调整，提高良种推广率和品种集中度，有利于避免马铃薯价格的暴涨暴跌，保护农民利益。

二、建设信息化支撑体系

（1）发挥大数据引擎作用。将马铃薯产业技术创新团队、龙头企业、合作社、种植大户和乌兰察布大数据服务中心等机构有效连接，协同发展，全力打造马铃薯大数据平台，汇集、分析、共享从种植、收获、销售、贮藏、加工等环节数据，提供马铃薯全产业链大数据服务，让数据成为有力抓手，切实解决种薯企业、种植企业、加工企业、流通企业、仓储企业等实际运营过程中的“盲区”问题，对各环节的数据进行分析统计，打通整个产业链，整体调控生产结构。

（2）打造马铃薯流通体系。结合乌兰察布马铃薯电子交易中心，利用虚拟数字技术、远程视频实景传播技术等，构建基于电子商务技术的马铃薯网络超市，建设农业综合性电子商务服务平台，提升园区、企业和新型经营主体马铃薯销售的网络化和订单化水平。支持以马铃薯为重点的智慧物流、即时供应，实现订单式生产、网络化采购、物流式配送。满足主要消费市场的个性化需求，形成以技术流、产品流、信息流为主要调控手段，以高效益、高产出为重要特征的现代化马铃薯经营业态。

三、壮大产地加工业

（1）扩大加工专用薯种植面积。重点解决加工企业原料需求的问题，继续开展对加工薯条、全粉的专用薯种植生产实施补贴。根据现行市场需求，加工专用薯主要有大西洋、希森6号、夏波蒂、布尔班克、英尼维特、艾维拉瑟、麦肯1号等。

（2）大力支持鼓励马铃薯分级、包装等初加工技术应用，提升商品化水平；引导企业开展精深加工，推动技术装备改造升级，开发多元产品，延长产业链，提升价值链；推动马铃薯加工副产物循环利用、全值利用和梯次利用，提升副产物附加值。

（3）认定一批马铃薯主食加工示范企业，推介一批中央厨房发展新模式，开发多元化产品，提升主食品牌化水平。如大力发展马铃薯主食厨房，与工厂企业学校等对接，实行预约点餐制，宣传马铃薯饮食文化，开发马铃薯美食和保健食品、休闲食品、方便食品等。

（4）引导建立低碳、低耗、循环、高效的马铃薯绿色加工体系，推进清洁生产和节能减排模式，政府出台利好马铃薯加工环保政策，帮助企业成长。促进马铃薯加工副产物综合利用企业与农民合作社等新型经营主体有机结合，推动马铃薯加工副产物综合利用原料标准化。

（5）深化产业融合。支持农户、合作社、企业等经营主体建设、完善、提升初加工、主食加工、综合利用加工、休闲农业和乡村旅游等设施设备。鼓励马铃薯加工企业通过合作制的方式，与上下游各类市场主体组建产业联盟，积极发展电子商务、农商直供体验、中央厨房、个性定制等新产业、新业态、新模式，让农户分享二三产业增值收益。

四、提升品牌影响力

（1）发挥品牌产品企业主体作用。引导企业进一步强化品牌竞争意识，深入实施品牌战略。指导企业建立健全品牌经营管理机构，制定品牌发展规划，确定目标，打造一流品牌。引导企业以国内外知名品牌为标杆，开展质量比对提升活动，使规模以上企业在规模增长的同时，更加注重品牌建设和质量提升。

（2）完善品牌产品激励机制。强化品牌激励机制。建立健全品牌培育认定和品牌激励制度，推动企业从速度竞争、价格竞争向质量竞争、品牌竞争转变。对马铃薯知名商标、品牌产品企业实施奖励。通过政府激励引导，树立典范，推广经验，发挥知名品牌的导向和示范作用。

（3）加强品牌宣传力度。将乌兰察布马铃薯宣传列入广播、电视、报刊、网络等大众传播媒介对内对外宣传的主要内容，积极主动通过各类展示展销活动和各级媒体推介品牌、宣传品牌，形成政府重视、企业主动、消费者认知、多方合力推进品牌建设的良好氛围。宣传部门要帮助企业做好品牌的宣传策划，促进品牌输出，扩大名牌农产品知名度。执法部门要加强对农产品品牌市场的净化，不断组织力量打假保真，保证品牌的纯净度和品牌的影响力。

五、开展马铃薯价格指数保险

针对马铃薯市场价格波动较大的突出问题，从2015年开始，乌兰察布先后在察右后旗、察右中旗、四子王旗3个旗县实施了马铃薯价格指数保险试点，试点面积由最初的2万亩，发展到5万亩，试点结果表明，马铃薯价格指数保险可以有效地化解部分规模经营主体的市场风险，深受薯农欢迎。但是受限于地方财力，进一步扩大规模难度较大。建议政府应该继续研究马铃薯价格指数保险新模式，积极争取中国银保监会保费补贴，将自治区财政、盟市和旗县财政、马铃薯种植户纳入一个整体，按比例分摊保费，全市整体推进，确保规模经营主体在遭受价格大幅下跌时仍能维持再生产的状态，保护免受毁灭性打击，稳定种植户收益，提高种户积极性，促进乌兰察布马铃薯产业可持续发展。

六、继续加大政策支持力度

（1）继续做好马铃薯种薯良种补贴，国家和内蒙古自治区从2004年开始在乌兰察布市实施，在补贴政策的影响下，农户种植成本降低，而且种植马铃薯的积极性得到提高。一些丰产性好、品质好、适应市场需求的新品种逐步得到推广，一些在乌兰察布市种植多年但不能满足目前市场需求的马铃薯品种逐步被淘汰。同时，随着国家“马铃薯主粮化”战略的提出，山东、海南、安徽、广州等地马铃薯种植面积不断扩大，但由于其气候、贮藏方式等限制因素，导致当地不能自己留种，来乌兰察布市调运种薯的区外客户逐年增加，种薯需求量市场被看好，乌兰察布市应该抓住这一利好形势，继续实施种薯补贴。

（2） 继续支持马铃薯现代化贮藏设施建设补贴。由于乌兰察布市独特的气候条件，马铃薯收获到封冻仅有一个多月的时间，销售时段非常有限，大量鲜薯需要通过贮藏后等待市场需求而逐步销售，因此建设储窖非常关键，建议继续开展马铃薯贮藏设施建设补贴，指导种薯企业、加工企业、专业合作社、种植贩运大户进一步完善贮藏设施，做到贮销平衡。

（3）继续争取马铃薯主食产品及产业开发补贴，2015年农业部启动马铃薯主粮化发展战略以来，乌兰察布市马铃薯主食加工企业陆续开展了马铃薯主食等产品加工生产，现已开发生产出60多个马铃薯主食产品，在全市大小型超市销售，并辐射到周边地区，市场反响较好。建议持续关注马铃薯主食产品及产业开发并给予补贴，积极争取，促进马铃薯产业链延伸。

（4）继续办好马铃薯展览洽谈会，创新政府“带货”模式。马铃薯展洽会是一种由政府引导和扶持直接有效的销售手段，乌兰察布市政府高度重视马铃薯宣传和销售的问题，大力支持举办马铃薯展览洽谈会，不仅有效地拓宽了销售渠道、实现了产销衔接，同时也向区内外展示了乌兰察布市马铃薯产业的发展状况，对提升乌兰察布市马铃薯品牌知名度和助力乡村振兴都产生了积极的推动作用。

参考文献

白丽，陈曦，孙洁，等，2017. 产业融合视角下中国马铃薯加工业发展问题研究[J]. 农业工程学报（8）：316-323.

边纪平，2017. 乌兰察布：书写“中国薯都”新辉煌[J]. 中国品牌（6）：66-67.

邓秀秀，2020. 完善产业链条，筑牢“薯都”地位[N]. 乌兰察布日报（20200110）.

董利娟，2016. 浅谈乌兰察布市马铃薯加工产业及现状[J]. 现代农业（1）：66.

冯永平，2017. 马铃薯主粮化进程中的政府职能研究——以内蒙古自治区为例[D]. 北京：中国社会科学院研究生院.

关佳晨，蔡海龙，2019. 我国马铃薯生产格局变化特征及原因分析[J]. 中国农业资源与区划（3）：92-100.

韩丽霞，2013. “薯贱伤农”现象浅析——以乌兰察布市马铃薯产业发展为例[J]. 内蒙古科技与经济（14）：3-7.

李海燕，杨沈斌，2015. 环境污染治理与集宁区马铃薯加工产业发展研究[J]. 环境科学与管理（11）：112-115.

李辉尚，乐姣，2018. 2017年中国马铃薯市场形势回顾与2018年市场展望[J]. 蔬菜（6）：61-67.

李辉尚，王晓东，杨唯，等，2018. 我国蔬菜市场2017年形势分析与后市展望[J]. 中国蔬菜（1）：7-12.

李志平，2010. 内蒙古马铃薯产业发展现状及制约因素分析[J]. 内蒙古农业科技（6）：7-9.

李志平，郭景山，2018. 2017年内蒙古马铃薯产业现状、存在问题及发展建议[C]//2018中国马铃薯大会：91-95.

罗其友，高明杰，刘洋，等，2018. 2017—2018年中国马铃薯产业发展态势[C]//2018中国马铃薯大会（2018）：15-18.

王盾，2018. 内蒙古自治区政策性农业保险发展问题及对策研究[D]. 杨凌：西北农林科技大学.

王欢，2018. 中国薯都乌兰察布[J]. 农产品市场周刊（27）：25-27.

王希卓，白丽，张孝义，等，2016. 马铃薯贮藏减损潜力评价方法体系的构建及应用[J]. 农机化研究（3）：1-7.

温翠青，2007. 乌兰察布市马铃薯市场分析[D]. 北京：中国农业大学.

许健，2015. 乌兰察布市马铃薯产业集群发展研究[J]. 现代营销（11）：12-115.

云娜，2019-8-20. 乌兰察布马铃薯电子交易中心和全国批发市场马铃薯直销网点启动[N]. 乌兰察布日报.

附录1

组织培养设备、试剂

1. 配制室

防酸碱台面的试验台、冰箱、药品柜、器械柜、分析天平、0.1g感量天平、电子天平、酸度计、蒸馏水器、各种规格的容量瓶、细口瓶（包括棕色）、广口瓶、移液管、烧杯、量筒、玻璃棒、吸管、吸耳球、试剂勺等、大量的试管、锥形瓶及罐头瓶、不锈钢锅、电磁炉。

2. 清洗室及灭菌室

浸泡洗涤水槽和冲洗水槽、培养瓶控水架、300℃烘箱、高压灭菌锅、封口膜、线绳或橡皮筋。

3. 接种室

超净工作台、空调、培养基存放架、紫外灯、酒精灯、镊子、剪刀、手术刀、解剖针、解剖刀。

4. 培养室

有日光灯光源的培养架、紫外灯若干、空调、加湿机、温湿度仪。

5. 药品

甲醛、氯化汞、高锰酸钾、漂白粉饱和溶液、75%乙醇、激动素、吲哚乙酸（IAA）、赤霉素（GA_3）、6-苄氨基腺嘌呤（6-BA）、D-泛酸钙、萘乙酸（NAA）、pH试纸、卡拉胶、琼脂、倍立凝、蔗糖、食用白糖、附录2至附录4中的所有试剂。

附录2

MS培养基配方

母液成分	化学试剂	质量浓度（mg/L）
大量元素	硝酸铵（NH_4NO_3）	1 650
	硝酸钾（KNO_3）	1 900
	氯化钙（$CaCl_2 \cdot 2H_2O$）	440
	硫酸镁（$MgSO_4 \cdot 7H_2O$）	370
	磷酸二氢钾（KH_2PO_4）	170
微量元素	碘化钾（KI）	0.83
	硼酸（H_3BO_3）	6.2
	硫酸锰（$MnSO_4 \cdot 4H_2O$）	22.3
	硫酸锌（$ZnSO_4 \cdot 7H_2O$）	8.6
	钼酸钠（$Na_2MoO_4 \cdot 2H_2O$）	0.25
	硫酸铜（$CuSO_4 \cdot 5H_2O$）	0.025
	氯化钴（$CoCl_2 \cdot 6H_2O$）	0.025
铁盐	硫酸亚铁（$FeSO_4 \cdot 7H_2O$）	27.8
	乙二胺四乙酸二钠（$Na_2 \cdot EDTA \cdot 2H_2O$）	37.3
有机成分	肌醇	100
	烟酸	0.5
	盐酸吡哆素（维生素B_6）	0.5
	盐酸硫胺素（维生素B_1）	0.1
	甘氨酸	2.0

注：1. MS固体培养基为MS培养基+30g/L蔗糖+琼脂6g/L（卡拉胶4.5g/L），pH值为5.6～5.8。

2. 铁盐母液的配制，两种试剂分别称量并分别加热溶解，待两种试剂均溶解后混合，混合后的溶液继续加热使其充分螯合，冷却后定容备用。

附录3

茎尖培养基配方

母液成分	化学试剂	质量浓度		
		MS（1 962）[a]	FAO（1 986）[b]	CIP[c]
大量元素	硝酸钾（KNO_3）	1 900mg/L	1 900mg/L	1900mg/L
	硝酸铵（NH_4NO_3）	1 650mg/L	1 650mg/L	1 650mg/L
	氯化钙（$CaCl_2 \cdot 2H_2O$）	440mg/L	440mg/L	440mg/L
	硫酸镁（$MgSO_4 \cdot 7H_2O$）	370mg/L	500mg/L	370mg/L
	磷酸二氢钾（KH_2PO_4）	170mg/L	170mg/L	170mg/L
铁盐	硫酸亚铁（$FeSO_4 \cdot 7H_2O$）	27.8mg/L	27.8mg/L	27.8mg/L
	乙二胺四乙酸二钠（$Na_2 \cdot EDTA$）	37.3mg/L	37.3mg/L	37.3mg/L
微量元素	硫酸锰（$MnSO_4 \cdot 4H_2O$）	22.3mg/L	0.5mg/L	22.3mg/L
	硼酸（H_3BO_4）	6.2mg/L	1.0mg/L	6.2mg/L
	硫酸锌（$ZnSO_4.4H_2O$）	8.6mg/L	1.0mg/L	8.6mg/L
	碘化钾（KI）	0.83mg/L	0.01mg/L	0.83mg/L
	硫酸铜（$CuSO_4 \cdot 5H_2O$）	0.025mg/L	0.03mg/L	0.025mg/L
	氯化钴（$CoCl_2 \cdot 6H_2O$）	0.025mg/L		0.025mg/L
	钼酸钠（$Na_2MoO_4 \cdot 2H_2O$）	0.25mg/L		0.25mg/L

（续表）

母液成分	化学试剂	质量浓度		
		MS（1 962）[a]	FAO（1 986）[b]	CIP[c]
有机成分	烟酸	0.5mg/L	1.0mg/L	0.5mg/L
	肌醇	100mg/L	100mg/L	100mg/L
	硫酸盐腺嘌呤		80mg/L	0.25mg/L
	泛酸钙		0.5mg/L	2.0mg/L
	甘氨酸	2.0mg/L		2.0mg/L
	盐酸硫胺素（维生素B_1）	0.5mg/L	1.0mg/L	0.5mg/L
	盐酸吡哆素（维生素B_6）	0.5mg/L	1.0mg/L	0.5mg/L
激素	生物素		0.2mg/L	
	激动素	0.04 ~ 1.0mg/L		
	吲哚乙酸	1 ~ 3.0mg/L		
糖	蔗糖	30g	20g	30g
其他	琼脂	6g	8g	6g

注：[a]茎尖培养基为MS培养基加激素。

[b]联合国粮农组织推荐的茎尖培养基配方。

[c]国际马铃薯中心的茎尖培养基配方。

附录4

雾培营养液配方

母液成分	化学试剂	浓度（mol/L）
大量元素	硝酸钾（KNO_3）	0.017 7
	硝酸铵（NH_4NO_3）	0.002 5
	磷酸二氢钾（KH_2PO_4）	0.001 8
	硝酸钙[$Ca(NO_3)_2 \cdot 4H_2O$]	0.001 6
	硫酸镁（$MgSO_4 \cdot 7H_2O$）	0.001 4
	氯化钠（NaCl）	0.001 3
微量元素	硼酸（H_3BO_3）	0.024
	硫酸锰（$MnSO_4 \cdot 4H_2O$）	0.09
	钼酸钠（$Na_2MoO_4 \cdot 2H_2O$）	0.000 04
	硫酸锌（$ZnSO_4 \cdot 4H_2O$）	0.008
	硫酸铜（$CuSO_4 \cdot 5H_2O$）	0.003
	氯化钴（$CoCl_2 \cdot 6H_2O$）	0.004
铁盐	硫酸亚铁（$FeSO_4 \cdot 7H_2O$）	0.09
	乙二胺四乙酸二钠（$Na_2 \cdot EDTA \cdot 2H_2O$）	0.09

注：配制药品时注意水质的影响，建议使用蒸馏水进行药品配制。

早大白

兴佳2号

中薯5号

蒙乌薯2号

陇薯7号

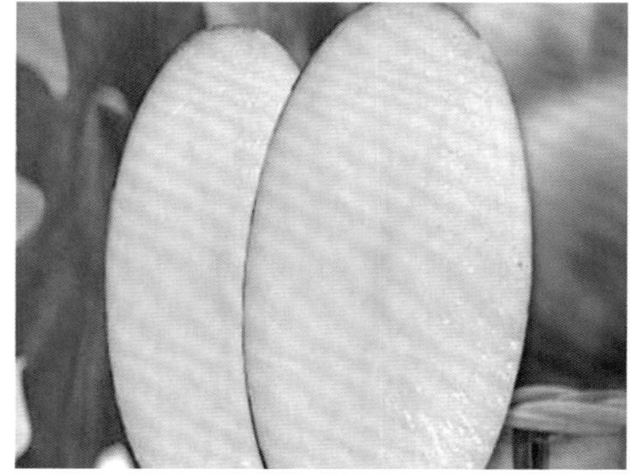

布尔斑克

蒙乌薯1号

蒙乌薯4号

蒙乌薯3号

克新1号

黑美人

黑金刚

大西洋

康尼贝克

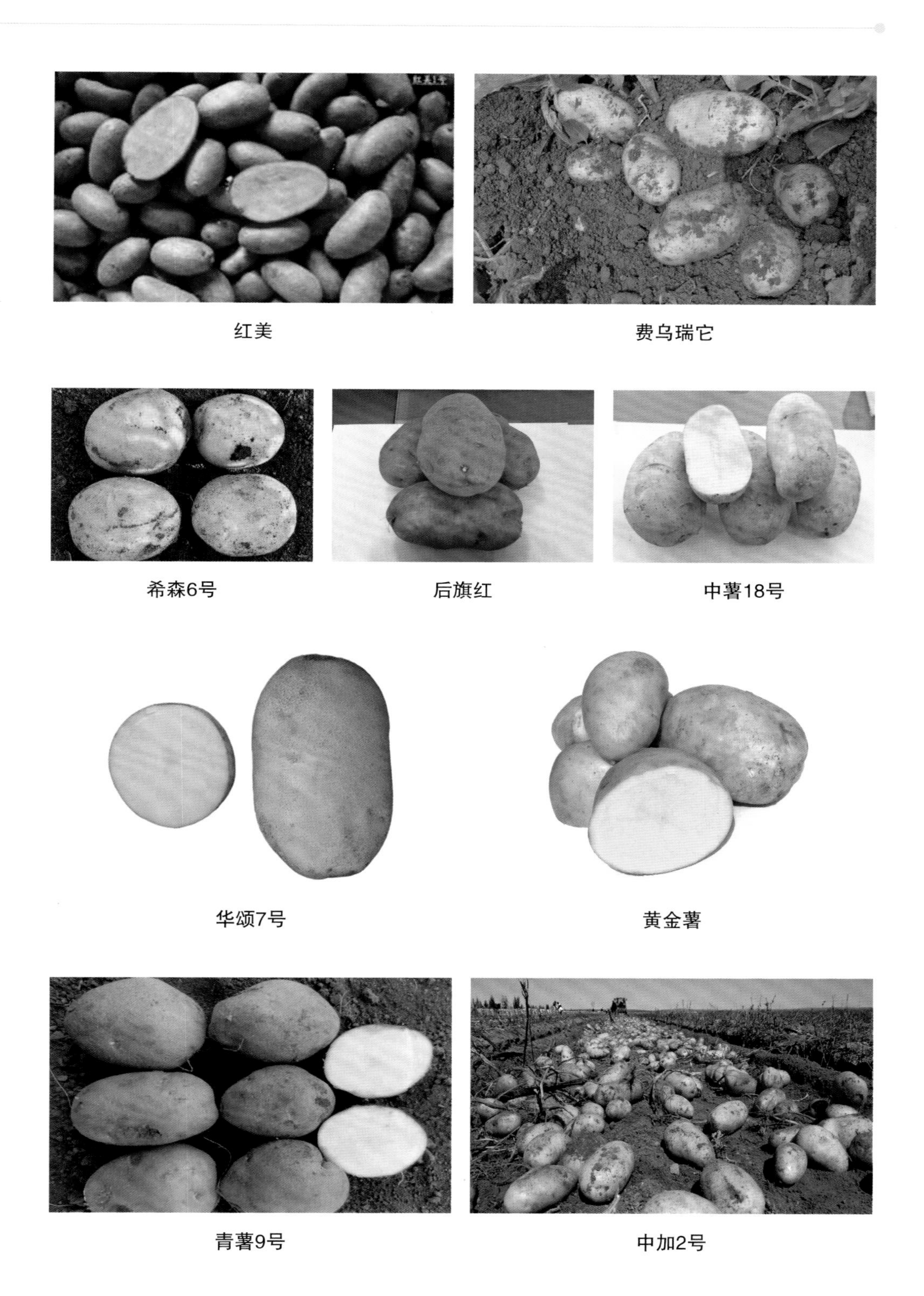

红美

费乌瑞它

希森6号

后旗红

中薯18号

华颂7号

黄金薯

青薯9号

中加2号

田间种植

田间覆膜

滴管栽培模式

高垄滴管栽培模式

覆膜栽培

一膜双行旱作栽培模式

旱作栽培模式

田间收获

田间收获